在建项目安全检查标准

宋卫红 方国和 编

·北京·

图书在版编目（CIP）数据

在建项目安全检查标准 / 宋卫红，方国和编. --北京：中国水利水电出版社，2025. 3. -- ISBN 978-7-5226-3283-4

Ⅰ．TU714-65

中国国家版本馆CIP数据核字第20258X0S15号

书　　名	在建项目安全检查标准 ZAIJIAN XIANGMU ANQUAN JIANCHA BIAOZHUN
作　　者	宋卫红　方国和　编
出版发行	中国水利水电出版社 （北京市海淀区玉渊潭南路1号D座　100038） 网址：www.waterpub.com.cn E-mail：sales@mwr.gov.cn 电话：（010）68545888（营销中心）
经　　售	北京科水图书销售有限公司 电话：（010）68545874、63202643 全国各地新华书店和相关出版物销售网点
排　　版	中国水利水电出版社微机排版中心
印　　刷	北京印匠彩色印刷有限公司
规　　格	184mm×260mm　16开本　17.25印张　337千字
版　　次	2025年3月第1版　2025年3月第1次印刷
定　　价	98.00元

凡购买我社图书，如有缺页、倒页、脱页的，本社营销中心负责调换

版权所有·侵权必究

《在建项目安全检查标准》编写委员会

总 策 划： 张　涛　　鄢来辉

主　　编： 宋卫红　　方国和

副 主 编： 邢延甫　　袁　殷　　黄仕鑫　　高长仁

参编人员： 田在望　　石朝阳　　汪皇军　　武文质　　赖锐敏　　徐宏杰
　　　　　　徐晓丽　　周　佳　　刘汉阳　　周　智　　高英峻　　张毅成
　　　　　　赵　季　　黄　河　　甘明仿　　杨　碧　　王　鑫　　蒋梅笑
　　　　　　吴　斐　　柏永昊　　廖　佩　　陈　阳　　贺香勇　　左楚琦
　　　　　　叶贞建　　陈　静　　吴　红　　冯晋哲　　张志诚　　徐　成
　　　　　　李雅婷　　汤文凯　　张志远　　严　玲　　张玲玲　　王　智
　　　　　　王可圲　　光文祥　　金　伟　　程　迎　　张　帆　　朱晓莉
　　　　　　夏志远　　张颂英　　刘　妍　　刘　庆　　赵　明　　李　霞
　　　　　　蒋俊麒　　王　颜　　罗　宇　　童　涛　　张　凯

审稿人员： 周建国　　刘德忠　　刘　伟　　方善新　　王小江　　杨成文
　　　　　　幸和生　　张忠桀　　李应国　　付荣胜　　梁艺华　　侯传明
　　　　　　薛彦青　　周建胜

前 言
FOREWORD

　　为全面贯彻落实习近平总书记关于安全生产重要论述和《中华人民共和国安全生产法》等国家法规标准，推进中国电建集团湖北工程有限公司（以下简称"公司"）及在建项目安全生产标准化建设，防止和减少生产安全事故，根据《中国电建集团湖北工程有限公司安全生产治本攻坚三年行动方案》，公司组织湖北安源安全环保科技有限公司等有关单位编制了本书，旨在通过标准规范条文配典型图集等方式，直观展示施工用电、有限空间作业、动火作业、起重吊装等十类作业类型正确做法和常见隐患，解析相关要求，细化完善施工现场十类作业项目安全检查和事故隐患排查标准。通过将规范标准要求用正确示例和隐患示例两种图进行正误对比，让工程相关人员对正确的作业方法一目了然，为项目基层一线安全检查和事故隐患排查提供规范指导，实现项目部等基层生产单位安全检查和事故隐患排查工作有标准、有图集，提升安全检查和事故隐患排查工作质效。

　　参与本书编写的单位有中国电建集团湖北工程有限公司、湖北安源安全环保科技有限公司。全书由宋卫红、方国和、邢延甫、袁殷、黄仕鑫、高长仁架构和组织。

　　本书可供从事工程建设施工的各相关专业安全、技术管理人员检查施工现场时参考使用。同时，也可作为一线施工作业人员及学员的安全教育、专业技能培训教材。工程项目建设单位、监理单位检查现场安全管理工作时亦可参考。

　　鉴于作者的时间和水平所限，书中难免存在疏漏和不足，敬请广大读者不吝赐教。

作者

2025 年 3 月

自序
PREFACE

一、安全检查概述

安全检查是安全管理的重要组成部分,旨在通过发现和消除隐患,改善劳动条件,防范事故发生。其定义是对生产经营中可能存在的隐患、危险因素等进行查证,确定其存在状态及转化为事故的条件,进而制定整改措施。根据《中华人民共和国安全生产法》等法律法规,生产经营单位的主要负责人负有组织建立并落实双重预防机制的职责,安全生产管理机构和人员需定期检查安全生产状况,及时排查隐患并提出改进建议。特种设备、消防、建设工程等领域也有相应要求,确保施工现场的安全管理得到有效执行。

企业安全检查制度要求施工企业建立健全检查机制,定期和不定期开展检查,特别是对大型机械设备、危险性较大的分部分项工程进行专项检查。企业负责人应进行带队检查,保存记录,并通过访谈、查阅记录、现场查看等方式排查隐患,留存检查记录并跟踪整改。项目安全检查包括综合检查、专项检查、节假日检查、季节性检查和日常检查,项目经理牵头组织周检查,覆盖施工、办公及生活区,留存书面记录并下达整改通知。项目专职安全管理人员每日进行监督检查,填写工作日志。项目部应建立隐患排查治理长效机制,按"五定"原则落实整改,并对重大隐患进行挂牌督办。

建筑施工企业安全检查内容涵盖安全目标实现程度、职责落实、制度执行等,形式包括自查、互查、抽查等,类型包括日常巡查、专项检查、季节性检查等。企业应根据检查类型确定内容和标准,编制检查评分表,配备必要工具,并对发现的问题和隐患进行整改和跟踪复查,确保安全生产管理的持续改进。

二、安全检查类型及内容

　　安全检查是安全管理的重要环节，旨在纠正安全生产措施执行中的偏差，预防事故发生。通过检查，能够及时发现隐患并采取措施消除，保障生产经营安全进行。中国电力建设集团（股份）有限公司（以下简称"中国电建"）对安全检查有明确要求，包括制定年度检查计划、组织综合和专项检查、开展安全考核，并对发现的问题及时整改，确保闭合管理。检查记录、整改资料和考核兑现资料需齐全，且年度计划须经第一责任人签发。各项检查需确定标准、建立完整记录，并由检查双方签字，整改闭合资料需附图片和回执，主管部门需验证整改情况。

　　安全检查通常分为五种类型：综合检查、专项检查、节假日检查、季节性检查和日常检查。各类检查由各单位组织，检查周期根据实际情况确定，如年、季、月、周等。中国电建集团要求子企业制定年度安全生产与职业健康检查计划，并对直管项目和二级单位全覆盖检查，每年综合检查不少于两次。项目部每月需开展一次综合检查，由主要负责人带队。经常性检查通过动态巡查实现，主要内容是纠正违章、排查隐患，检查安全设施和防护用品的使用情况。中国电建集团要求项目部每日进行日常巡查，作业班组和施工队也需进行例行检查。

　　专项（专业）检查针对特定问题或普遍性安全问题，由专业部门开展，进行危险物品、机械设备、施工用电等检查。中国电建集团要求项目部开展防汛、消防、交通等专项检查，由分管领导或安全总监带队，发现问题需下发整改通知单并形成闭合。季节性及节假日检查针对气候变化和节假日期间的安全风险，如冬季、夏季、雨季和汛期检查，以及春节、国庆等重要节假日的检查。中国电建集团要求项目部开展季节性检查，发现问题需及时整改。

　　自检和交接检查主要针对脚手架、作业平台、起重机械等设施的安装验收，需在班组自检合格基础上，由项目主责部门组织验收交接检查，并与使用单位办理交接手续后方可使用。安全检查的主要内容涵盖查思想、查制度、查管理、查隐患、查事故处理。查思想主要检查各级领导和员工的安全意识；查制度主要检查安全管理制度的建立健全情况；查管理主要检查全员安全生产责任制落实情况；查隐患主要检查风险管控措施的落实情况；查事故处理主要检查事故是否按"四不放过"原则处理，是否及时准确上报。

三、安全检查流程及方法

当前安全检查工作中存在一些问题，如检查流于形式、检查人员专业性不足、对施工流程不熟悉以及检查缺乏策划等。为解决这些问题，提升检查实效，需从安全检查的流程步骤、检查方法及其与隐患排查的异同等方面入手，系统化、规范化地开展检查工作。

安全检查的流程通常包括准备、实施、信息分析、问题处理和整改落实五个步骤。在准备阶段，需成立检查组织，明确检查对象、目的和任务，学习相关法规和标准，了解检查对象的工艺流程及潜在危险，制定检查计划并准备必要的工具和表格。实施阶段通过访谈、查阅文件、现场观察和仪器测量等方式获取信息。信息分析阶段对收集的信息进行判断和验证，确保结论准确。问题处理阶段针对发现的问题提出整改意见，整改落实阶段则对整改情况进行复查，形成闭环管理。

安全检查的方法主要包括常规检查、安全检查表法和仪器检查法。常规检查依赖检查人员的经验和能力，通过现场观察和简单工具进行定性或定量检查。安全检查表法更为系统，通过预先编制的检查表减少个人行为对结果的影响，其编制依据包括国家标准、事故案例、系统分析结果等。仪器检查法通过专业设备进行定量化检验，更具科学性，但要求检查人员具备相关知识。

安全检查与隐患排查在覆盖面、专业性、使用表格、工作结果和目的上存在区别。安全检查更全面，旨在评估安全状态，而隐患排查更具针对性，专注于可能导致事故的风险控制。安全检查表用于发现潜在危险因素，而隐患排查表则针对专业设备和工艺流程。安全检查可能发现问题和隐患，而隐患排查仅发现事故隐患。两者的目的也不同，安全检查关注安全生产状况，隐患排查则旨在发现并治理事故隐患，遏制事故发生。通过明确二者区别，可更有针对性地开展安全管理工作。

目录 CONTENTS

前言
自序

PART 1
第 1 章　施工用电 … 1

1.1　用电安全 … 1
1.2　电气装置安装 … 4
1.3　低压配电 … 6
1.4　建筑电气 … 9
1.5　民用建筑电气 … 15
1.6　安全标志 … 16
1.7　变配电室 … 17
1.8　施工现场临时用电 … 23
1.9　其他 … 24

PART 2
第 2 章　浇灌混凝土模板工程 … 30

2.1　材料及构配件 … 30
2.2　模板支架立杆与基础 … 33
2.3　支架构造 … 38
2.4　模板系统 … 50
2.5　混搭和支架超堆载 … 57
2.6　早拆支撑体系 … 60

PART 3
第 3 章　安全标识标牌 … 62

PART 4
第 4 章　动火作业 … 69

4.1　动火作业前 … 69
4.2　动火作业中 … 72
4.3　动火作业后 … 87

PART 5
第 5 章　高处作业吊篮 … 88

5.1　标牌标志 … 88
5.2　结构件 … 91
5.3　悬挂平台 … 96
5.4　钢丝绳、配重 … 99
5.5　安全装置 … 103

PART 6
第 6 章　基坑工程 … 110

6.1　基坑支护 … 110
6.2　降排水 … 115
6.3　基坑开挖 … 117
6.4　坑边载荷 … 119
6.5　安全防护 … 121
6.6　基坑监测 … 124
6.7　支撑拆除 … 126
6.8　作业环境 … 127

PART 7　第 7 章　施工升降机　129

7.1	安全装置与防冲顶措施	129
7.2	金属结构与连接	136
7.3	螺栓、销轴连接	140
7.4	附墙	143
7.5	防护设施	145
7.6	层门	149
7.7	电气系统	151
7.8	传动系统	156
7.9	其他	158

PART 8　第 8 章　塔式起重机　164

8.1	安全保护装置	164
8.2	金属结构与连接	171
8.3	附着装置	184
8.4	爬升系统	194
8.5	机构及零部件	196
8.6	基础及配重类	199
8.7	电气控制及保护类	203
8.8	作业环境类	207
8.9	其他	211

PART 9　第 9 章　通用脚手架工程　213

9.1	材料及构配件	213
9.2	脚手架主体及基础	219
9.3	脚手架构造	227
9.4	各类型脚手架	242
9.5	脚手架使用	250

PART 10　第 10 章　有限空间作业　253

10.1	作业前	253
10.2	作业中	258
10.3	作业后	263

第1章 施工用电

1.1 用电安全

⚠ 当配电箱无铭牌或标识时,作业人员无法了解存在的触电风险。

正确示例

隐患示例

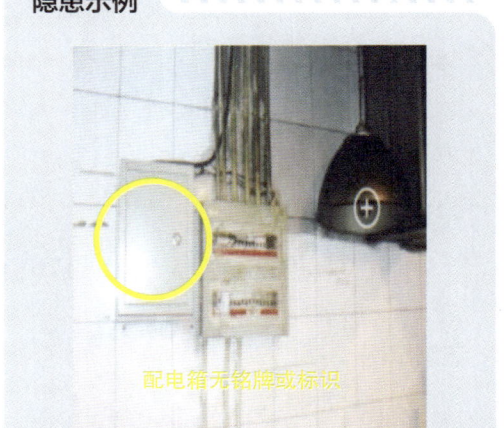

配电箱无铭牌或标识

■ 规范标准

◆《建设工程施工现场供用电安全规范》(GB 50194—2014)第12.0.7条规定:"配电箱柜的箱柜门上应设警示标识。"

◆《建筑电气工程施工质量验收规范》(GB 50303—2015)第5.2.6.5条规定:"柜、台、箱、盘上的标识器件应标明被控设备编号及名称或操作位置,接线端子应有编号,且清晰、工整、不易脱色。"

配电箱遮挡，无操作空间，无法满足人员作业空间，强行作业的触电风险较大。

正确示例

隐患示例

■ 规范标准

◆《建筑与市政工程施工现场临时用电安全技术标准》（JGJ/T 46—2024）第 4.1.5 条规定："配电箱、开关箱周围应有足够 2 人同时工作的空间和通道，不得堆放任何妨碍操作、维修的物品，不得有灌木、杂草。"

 电气设备周边存放易燃品，如果可燃物质不慎引发明火，可能导致电气设备爆炸。

正确示例

隐患示例

■ 规范标准

◆《建筑与市政工程施工现场临时用电安全技术标准》（JGJ/T 46—2024）第 4.1.4 条规定："配电箱、开关箱应装设在干燥、通风及常温场所，不得装设在有严重损伤作用的瓦斯、烟气、潮气及其他有害介质中，亦不得装设在易受外来固体物撞击、强烈振动、液体浸溅及热源烘烤场所。"

◆《用电安全导则》（GB/T 13869—2017）第 5.1.1 条规定："一般条件下，用电产品的周围应留有足够的安全通道和工作空间，且不应堆放易燃、易爆和腐蚀性物品。"

 带电体外露时，会造成作业人员触电伤亡。

正确示例

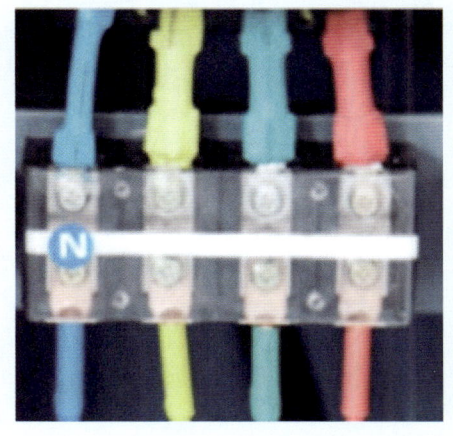

隐患示例

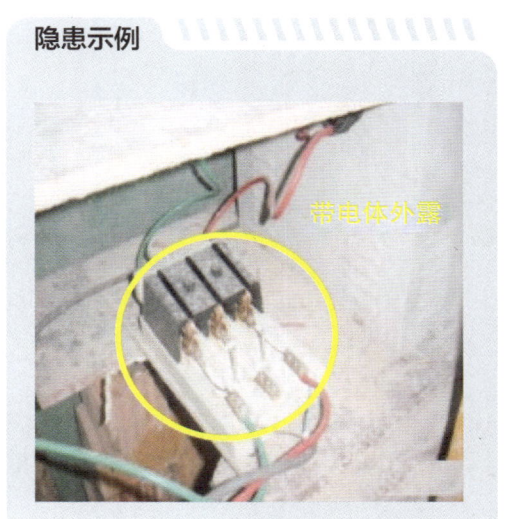

带电体外露

■ 规范标准

◆《民用建筑电气设计标准》（GB 51348—2019）第 7.7.3 条规定："低压配电系统的电气设备所采取的基本防护应符合下列规定：1.带电部分应完全用绝缘层覆盖。绝缘应符合国家现行标准的有关规定。"

◆《建筑与市政工程施工现场临时用电安全技术标准》（JGJ/T 46—2024）第 4.1.11 条规定："配电箱、开关箱内的连接线必须采用钢芯绝缘导线。导线绝缘的颜色标志应按本标准第 3.2.11 条的规定配置并排列整齐；线束应有外套绝缘管，导线与电器端子连接牢固，不得有外露带电部分。"

1.2 电气装置安装

⚠ 配电箱破损,可能导致电路短路、漏电等事故。

正确示例

隐患示例

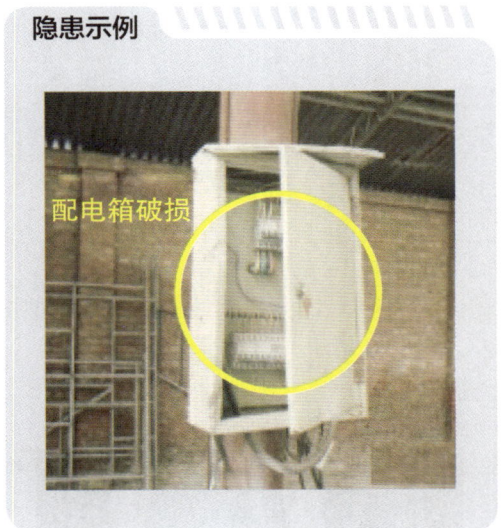

配电箱破损

■ 规范标准

◆《建筑施工安全检查标准》(JGJ 59—2011)第 3.14.3 条规定:"配电箱与开关箱的箱体结构、箱内电气设置及使用应符合规范要求。"

⚠ 配电箱内积尘、有杂物,会阻塞散热通道,导致散热不良,加速设备老化。

正确示例

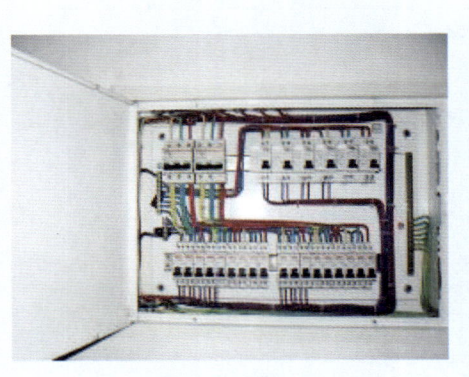

隐患示例

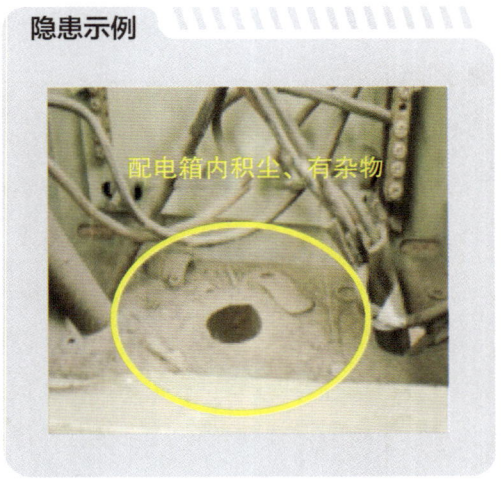

配电箱内积尘、有杂物

■ 规范标准

◆《建筑与市政工程施工现场临时用电安全技术标准》（JGJ/T 46—2024）第 4.3.8 条规定："配电箱、开关箱内不得放置任何杂物，并应保持箱体内外整洁。"

 照明配电箱内控制开关无标识，会造成作业人员误操作。

正确示例

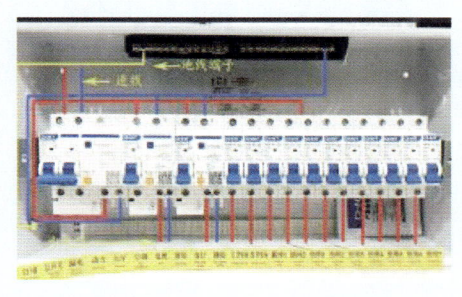

隐患示例

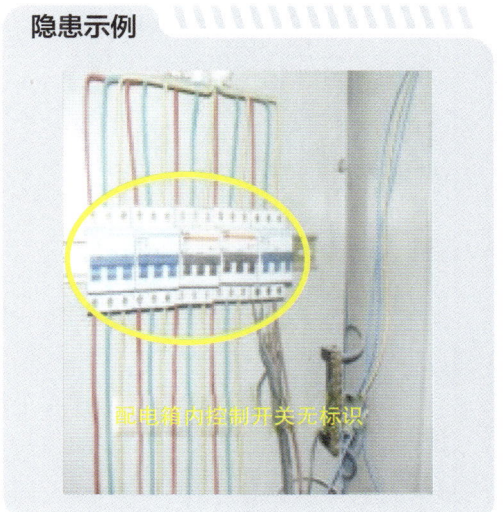

配电箱内控制开关无标识

■ 规范标准

◆《建筑电气工程施工质量验收规范》（GB 50303—2015）第 5.2.10.2 条规定："照明配电箱（盘）内回路编号应齐全，标识应正确。"

◆《建筑与市政工程施工现场临时用电安全技术标准》（JGJ/T 46—2024）第 4.3.1 条规定："配电箱、开关箱应有名称、用途、分路标记及系统接线图。"

1.3　低压配电

⚠ 导线引出部分无防止损伤的措施导致导线绝缘破坏，易引起触电事故。

正确示例

隐患示例

■ 规范标准

◆《低压配电设计规范》（GB 50054—2011）第 7.2.20 条规定："金属槽盒引出的线路，导线在引出部分应有防止损伤的措施。"

⚠ 电缆水平敷设高度不足 2.5m，既对室内空气流动、人员活动造成较大阻碍也会对电缆的安全运行产生影响。

正确示例

隐患示例

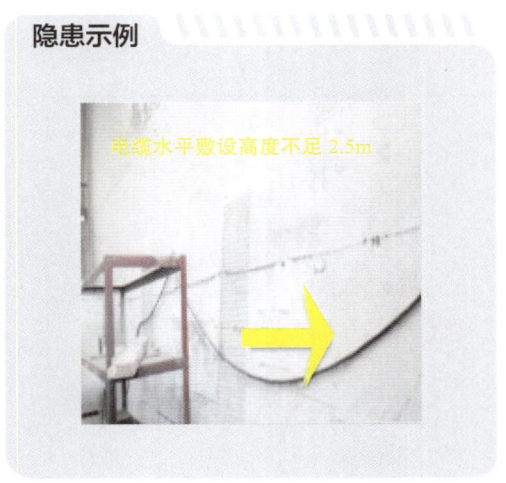

■ 规范标准

◆《低压配电设计规范》(GB 50054—2011)第7.6.8条规定："无铠装的电缆在屋内明敷，水平敷设时，与地面距离不应小于2.5m。"

⚠ 并列敷设的电缆间距小于35mm，导致散热不良，引起电线的温度升高，易造成电线老化，增加电线短路和火灾的风险。

正确示例

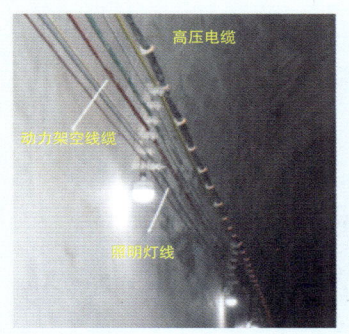

隐患示例

■ 规范标准

◆《低压配电设计规范》(GB 50054—2011)第7.6.9条规定："屋内相同电压的电缆并列明敷时，除敷设在托盘、梯架和槽盒内外，电缆之间的净距离不应小于35mm，且不应小于电缆外径。"

⚠ 线路穿墙无防护，容易因为外力的摩擦或割伤等导致局部损坏。这会造成电缆线路的短路、开路、接触不良等故障。

正确示例

隐患示例

■ **规范标准**

◆《低压配电设计规范》（GB 50054—2011）第 7.6.38 条规定："电缆通过建筑物和构筑物的基础、散水坡、楼板和穿过墙体等处应穿管保护，穿管的内径不应小于电缆外径的 1.5 倍。"

⚠ 电线敷设与管道距离不符合要求，容易导致散热不良，可能引发电器火灾。

正确示例

隐患示例

■ **规范标准**

◆《低压配电设计规范》（GB 50054—2011）第 7.2.11 条规定："金属导管和金属槽盒敷设时，应与其他管道的平行净距离不小于 0.1m。"

1.4 建筑电气

 进线导管管口低于基础面,易导致绝缘防护不到位,最终导致人员触电。

正确示例

隐患示例

■ 规范标准

◆《建筑电气工程施工质量验收规范》(GB 50303—2015)第 12.2.4 条规定:"进入配电(控制)柜、台、箱内的导管管口,当箱底无封板时,管口应高出柜、台、箱、盘的基础面 50mm ~ 80mm。"

 电缆沟未封闭,火灾发生后容易导致烟囱效应,导致火势蔓延趋势加快。

正确示例

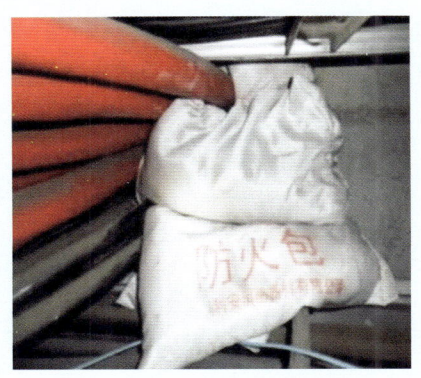

隐患示例

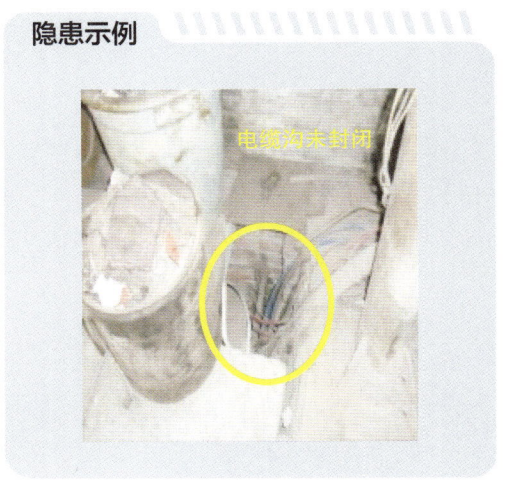

■ 规范标准

◆《建筑电气工程施工质量验收规范》（GB 50303—2015）第13.2.2.8条规定："电缆出入电缆沟，电气竖井，建筑物，配电（控制）柜、台、箱处以及管子管口处等部位应采取防火或密封措施。"

⚠ 电缆敷设混乱、无固定点，会导致接触点不稳定，容易导致接触电阻大、发热严重，甚至导致火灾事故。

正确示例

隐患示例

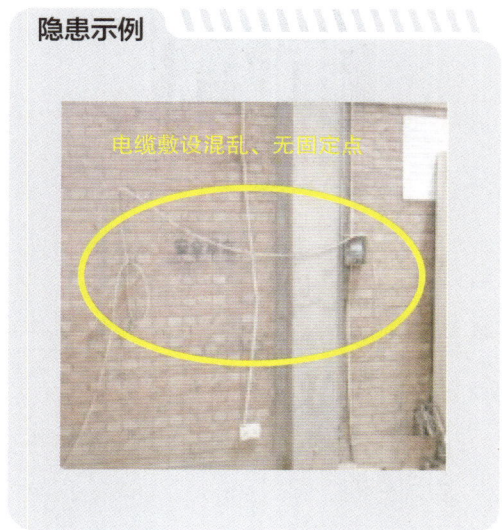

电缆敷设混乱、无固定点

■ 规范标准

◆《建筑电气工程施工质量验收规范》（GB 50303—2015）第13.2.2条规定："电缆敷设应符合下列规定：1.电缆的敷设排列应顺直、整齐，并宜少交叉；……4.在梯架、托盘或槽盒内大于45°倾斜敷设的电缆应每隔2m固定，水平敷设的电缆，首尾两端、转弯两侧及每隔5m～10m处应设固定点。"

⚠ 配电箱箱体和箱盖未跨接，电流会通过设备的金属外壳流过，可能引发触电和火灾等安全事故。

正确示例

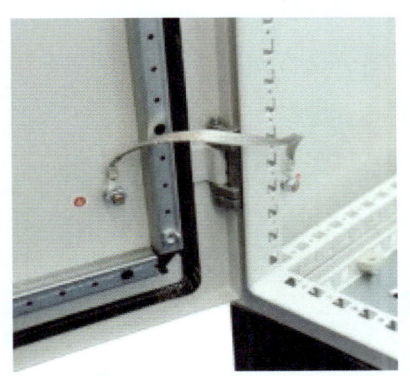

隐患示例

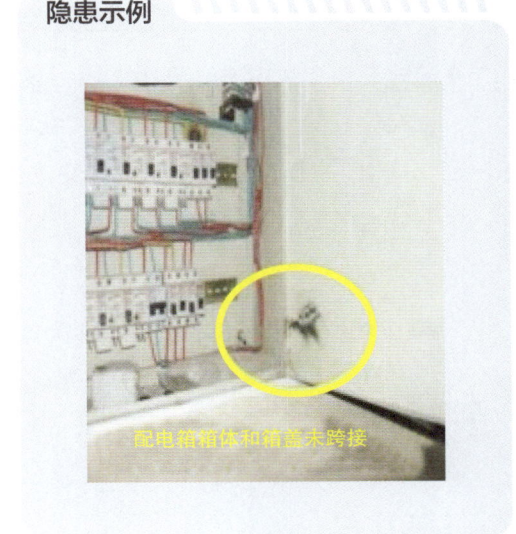

配电箱箱体和箱盖未跨接

■ **规范标准**

◆《建筑与市政工程施工现场临时用电安全技术标准》（JGJ/T 46—2024）第 4.1.12 条规定："配电箱、开关箱的金属箱体、金属电器安装板以及电器正常不带电的金属底座、外壳等应通过 PE 端子板与保护接地导体（PE）做电气连接，金属箱门与金属箱体应采用黄/绿组合颜色软绝缘导线做电气连接。"

⚠ 配线箱无标明控制设备编号、名称等信息的标识，易造成作业人员的误操作，进而导致电气事故的发生。

正确示例

隐患示例

配线箱无标明控制设备编号、名称等信息的标识

■ 规范标准

◆《建筑电气工程施工质量验收规范》（GB 50303—2015）第 5.2.6 条规定："柜、台、箱、盘内检查试验应符合下列规定：……4. 柜、台、箱、盘上的标识器件应标明被控设备编号及名称或操作位置，接线端子应有编号，且清晰、工整、不易脱色。"

⚠ 潮湿场所插座安装高度低于 1.5m，易导致插座进水，引发触电事故。

正确示例

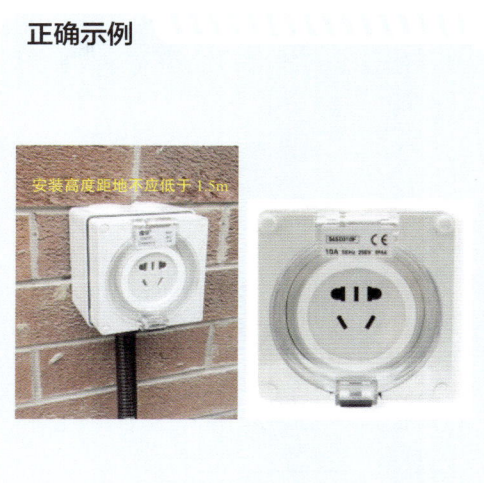

隐患示例

■ 规范标准

◆《通用用电设备配电设计规范》（GB 50055—2011）第 8.0.6 条规定："插座的形式和安装要求应符合下列规定：……4. 在潮湿场所，应采用具有防溅电器附件的插座，安装高度距地不应低于 1.5m。"

⚠ 暗装插座面板未安装牢固，会导致接触点不稳定，容易导致接触电阻大、发热严重，甚至是导致触电事故。

正确示例

隐患示例

暗装插座面板未安装牢固

■ 规范标准

◆《建筑电气工程施工质量验收规范》(GB 50303—2015)第20.2.1条规定:"暗装的插座盒或开关盒应与饰面平齐,盒内干净整洁,无锈蚀,绝缘导线不得裸露在装饰层内;面板应紧贴饰面、四周无缝隙、安装牢固、表面光滑、无碎裂、划伤,装饰帽(板)齐全。"

 潮湿环境未使用防护型插座,易导致水蒸气进入,引起插座跳闸。

正确示例

安装高度不低于1.5m

隐患示例

潮湿环境未使用防护型插座

■ 规范标准

◆《通用用电设备配电设计规范》（GB 50055—2011）第 8.0.6 条规定："插座的形式和安装要求应符合下列规定：……4. 在潮湿场所，应采用具有防溅电器附件的插座，安装高度距地不应低于 1.5m。"

 配电箱进线处未封闭，电线裸露，易导致触电。

正确示例

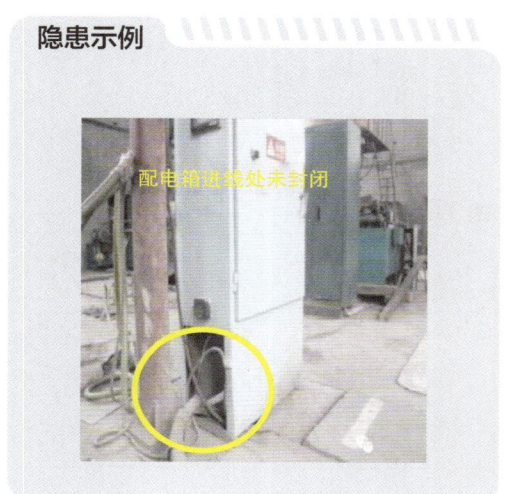

隐患示例（配电箱进线处未封闭）

■ 规范标准

◆《建筑电气工程施工质量验收规范》（GB 50303—2015）第 5.2.3 条规定："当设计有防火要求时，柜、台、箱的进出口应做防火封堵，并应封堵严密。"

1.5 民用建筑电气

 配电柜侧面与墙距离小于 0.2m，导致配电柜散热通风受到影响，易导致配电柜自燃。

正确示例

隐患示例

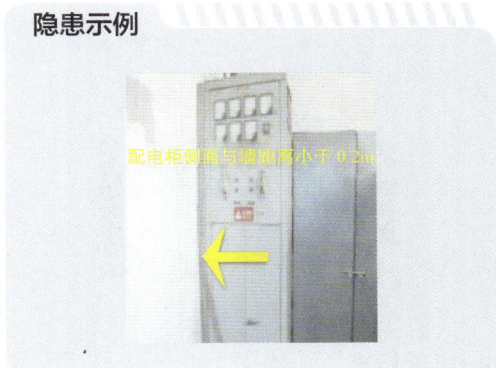

■ 规范标准

◆《民用建筑电气设计标准》（GB 51348—2019）第 4.6.2 条规定："注：1. 采用柜后免维护可靠墙安装的开关柜靠墙布置时，柜后与墙净距应大于 50mm，侧面与墙净距应大于 200mm。"

 配电柜距梁底距离小于 0.8m，存在生产感应电的风险。

正确示例

隐患示例

■ 规范标准

◆《民用建筑电气设计标准》（GB 51348—2019）第 4.6.3 条规定："屋内配电装置距顶板的距离不宜小于 1.0m，当有梁时，距梁底不宜小于 0.8m。"

1.6 安全标志

 配电箱无警示标志,无法告知存在的触电风险。

正确示例

隐患示例

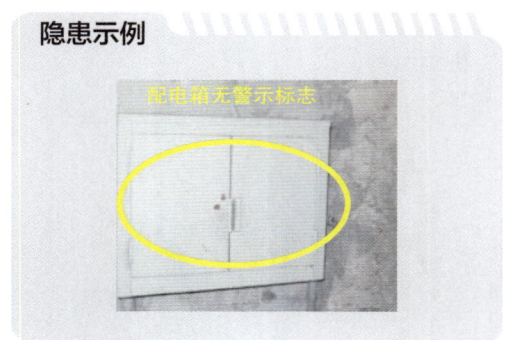

■ 规范标准

◆《建设工程施工现场供用电安全规范》(GB 50194—2014)第 12.0.7 条规定:"配电箱柜的箱柜门上应设警示标识。"

◆《安全标志及其使用导则》(GB 2894—2008)第 4.2.3 条规定:"表 2 编号 2-7 的规定,应在配电箱上张贴"小心触电"的安全警示标志。"

配电室未设置警示标志,无法告知存在触电风险。

正确示例

隐患示例

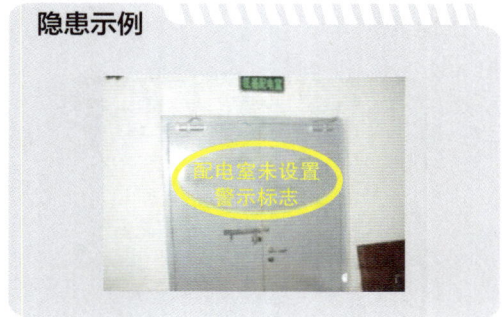

■ 规范标准

◆《安全标志及其使用导则》(GB 2894—2008)第 4.2.3 条规定:"表 2 编号 2-7 的规定,应在有可能发生触电危险的电器设备和线路,如配电室、开关等,张贴'小心触电'的安全警示标志。"

1.7 变配电室

 开关柜操作面地面未铺设绝缘胶垫,电器设备容易与金属构件相接触,容易发生漏电。

正确示例

隐患示例

■ 规范标准

◆《商务楼宇安全管理规范》(GB/T 42990—2023)第 7.3.1 条规定:"变配电室变压器、高压开关柜、低压开关柜操作面应铺设绝缘胶垫。"

 配电室出入口无挡板,易造成电气设备被损坏。

正确示例

隐患示例

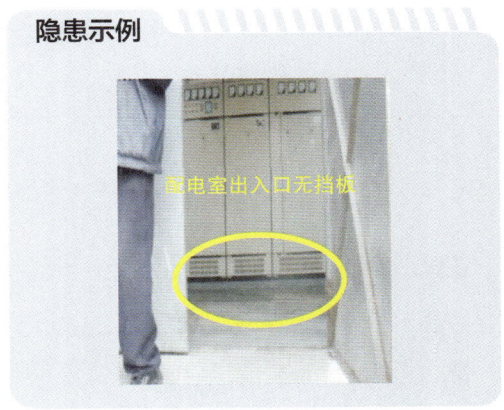

■ 规范标准

◆《民用建筑电气设计标准》(GB 51348—2019)第 4.10.10 条规定:"变压器室、配电装置室、电容器室等应设置防止雨、雪和小动物进入屋内的设施。"

配电室的门开启方向错误,且门的材质达不到防火要求,在火灾情况下不易逃生。

正确示例

隐患示例

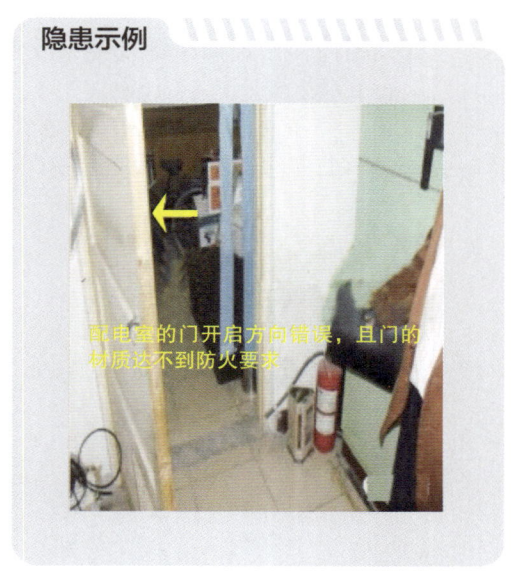

配电室的门开启方向错误,且门的材质达不到防火要求

■ 规范标准

◆《民用建筑电气设计标准》(GB 51348—2019)第 4.10.3 条规定:"民用建筑内的变电所对外开的门应为防火门。"

第 4.10.9 条规定:"变压器室、配电装置室、电容器室的门应向外开,并应装锁。相邻配电装置室之间设有防火隔墙时,隔墙上的门应为甲级防火门,并向低电压配电室开启,当隔墙仅为管理需求设置时,隔墙上的门应为双向开启的不燃材料制作的弹簧门。"

 绝缘靴未在规定期限内检测,无法判定绝缘是否有效,贸然使用易导致触电。

正确示例

隐患示例

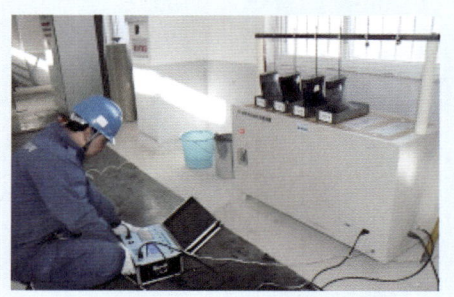
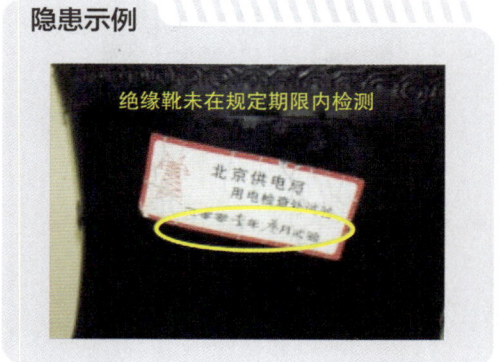

施工用电 第1章

■ 规范标准

◆《建设工程施工现场供用电安全规范》（GB 50194—2014）第 12.0.2 条规定："供用电设施的运行、维护工器具配置应符合下列规定：1. 变配电所内应配备合格的安全工具及防护设施；2. 供用电设施的运行及维护，应按有关规定配备安全工器具及防护设施，并定期检验。电气绝缘工具不得挪作他用。"

 绝缘拉杆存放方式不符合安全要求，靠墙容易受潮，对绝缘层有损害，导致绝缘失效。

正确示例

隐患示例

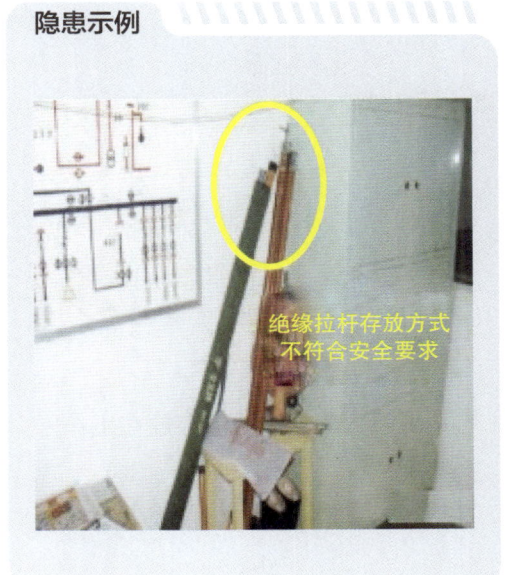

绝缘拉杆存放方式不符合安全要求

■ 规范标准

◆《建设工程施工现场供用电安全规范》（GB 50194—2014）第 12.0.2 条规定："供用电设施的运行、维护工器具配置应符合下列规定：1. 变配电所内应配备合格的安全工具及防护设施；2. 供用电设施的运行及维护，应按有关规定配备安全工器具及防护设施，并定期检验。电气绝缘工具不得挪作他用。"

 绝缘鞋、绝缘手套未与其他工具分别存放，易导致绝缘失效，导致使用时触电。

正确示例

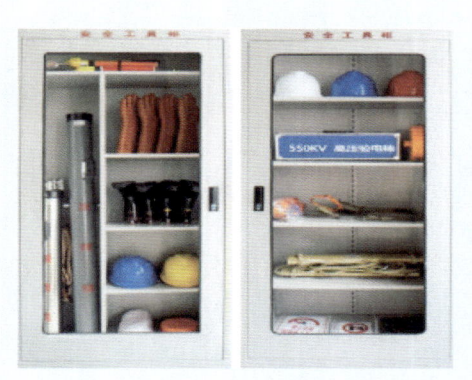

隐患示例

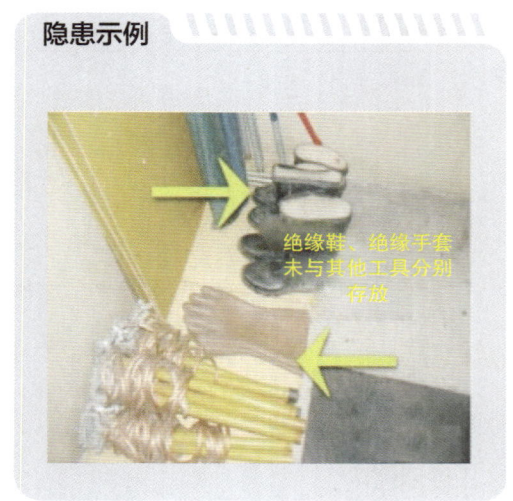

绝缘鞋、绝缘手套未与其他工具分别存放

■ **规范标准**

◆《建设工程施工现场供用电安全规范》（GB 50194—2014）第12.0.2条规定："供用电设施的运行、维护工器具配置应符合下列规定：1.变配电所内应配备合格的安全工具及防护设施；2.供用电设施的运行及维护，应按有关规定配备安全工器具及防护设施，并定期检验。电气绝缘工具不得挪作他用。"

 未检测的绝缘手套存放在工作区，无法判定某绝缘是否有效，易导致触电。

正确示例

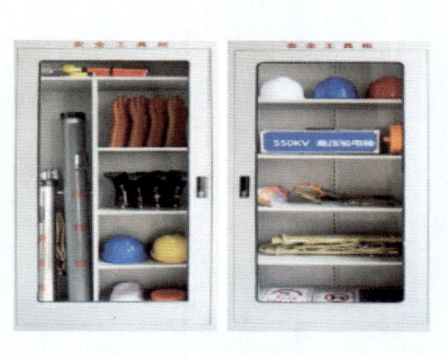

隐患示例

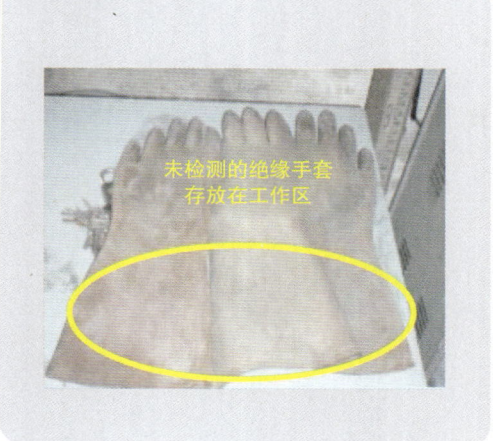

未检测的绝缘手套存放在工作区

施工用电　第1章

■ 规范标准

◆《建设工程施工现场供用电安全规范》(GB 50194—2014)第 12.0.2 条规定："供用电设施的运行、维护工器具配置应符合下列规定：1.变配电所内应配备合格的安全工具及防护设施；2.供用电设施的运行及维护，应按有关规定配备安全工器具及防护设施，并定期检验。电气绝缘工具不得挪作他用。"

 配电室堆放杂物，容易引发火灾。

正确示例

隐患示例

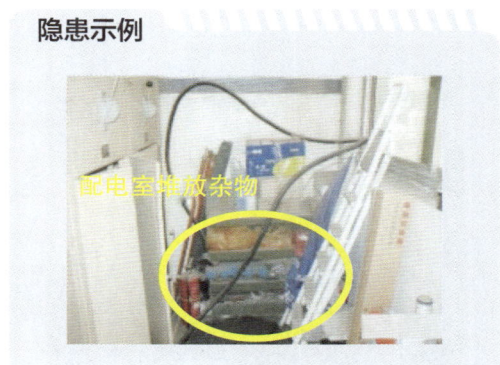

■ 规范标准

◆《建筑与市政工程施工现场临时用电安全技术标准》(JGJ/T 46—2024)第 5.1.9 条规定："配电室应保持整洁，不得堆放任何妨碍操作、维修的杂物。"
◆《用电安全导则》(GB/T 13869—2017)第 5.1.1 条规定："一般条件下，用电产品的周围应留有足够的安全通道和工作空间，且不应堆放易燃、易爆和腐蚀性物品。"

 应急照明无效或处于停电状态，无法发挥照明作用。

正确示例

隐患示例

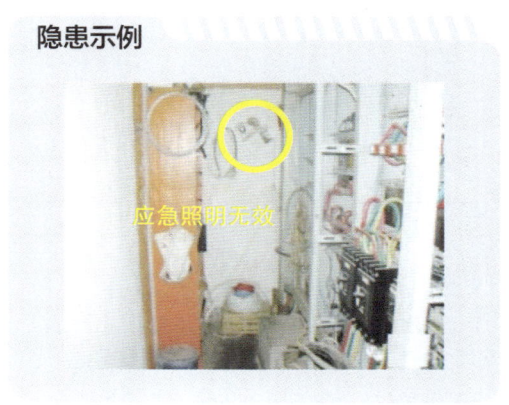

在建项目安全检查标准

■ 规范标准

◆《建筑与市政工程施工现场临时用电安全技术标准》（JGJ/T 46—2024）第5.1.4条第12款规定："配电室的照明分别设置正常照明和应急照明。"

⚠ 作业人员上岗未穿防静电工作服和绝缘鞋，绝缘防护不到位，容易导致值班人员触电。

正确示例

隐患示例

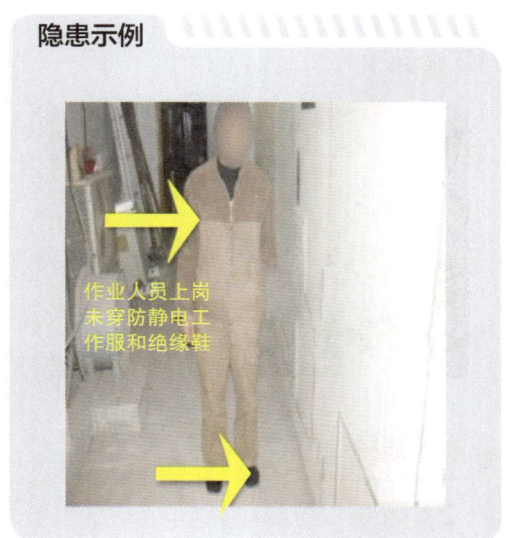

作业人员上岗未穿防静电工作服和绝缘鞋

■ 规范标准

◆《电力安全工作规程 发电厂和变电站电气部分》（GB 26860—2011）第4.2.1条规定："作业现场的生产条件、安全设施、作业机具和安全工器具等应符合国家或行业标准规定的要求，安全工器具和劳动防护用品在使用前应确认合格、齐备。"

第7.1.3条规定："高压设备发生接地故障时，室内人员进入接地点4m以内，室外人员进入接地点8m以内，均应穿绝缘靴。接触设备的外壳和构架时，还应戴绝缘手套。"

1.8 施工现场临时用电

 内部开关缺少开关标识、箱体外缺少"当心触电"警示标识,无法判断配电箱是否存在触电风险。

正确示例

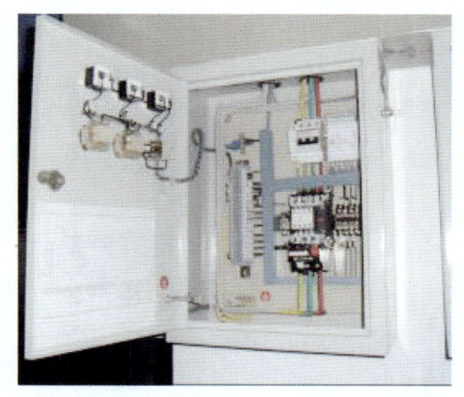

隐患示例

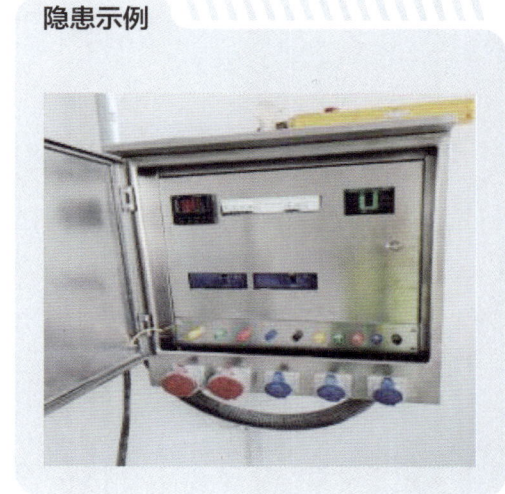

■ 规范标准

◆《建筑与市政工程施工现场临时用电安全技术标准》(JGJ/T 46—2024)第 4.3.1 条规定:"配电箱、开关箱应有名称、用途、分路标记及系统接线图。"

1.9 其他

（**重大隐患**）作业人员的特种作业证件不符合要求，无证上岗，违章操作。

正确示例

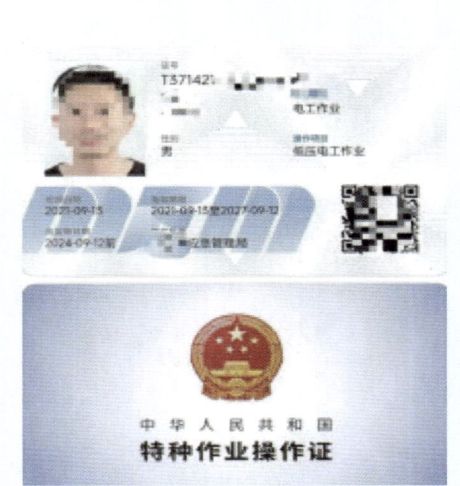

隐患示例

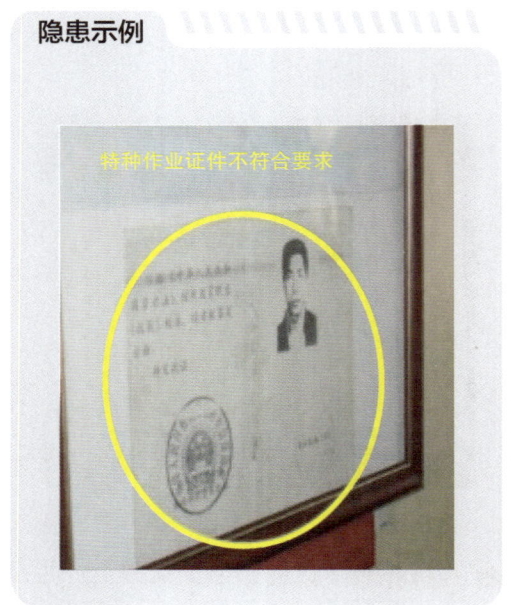

特种作业证件不符合要求

■ 规范标准

◆《建筑电气工程施工质量验收规范》（GB 50303—2015）第 3.1.1 条规定："建筑电气工程施工现场的质量管理除应符合现行国家标准《建筑工程施工质量验收统一标准》（GB 50300）的有关规定外，尚应符合下列规定：1. 安装电工、焊工、起重吊装工和电力系统调试等人员应持证上岗。"

◆《中华人民共和国安全生产法》（中华人民共和国主席令第八十八号）第二十三条规定："生产经营单位的特种作业人员必须按照国家有关规定经专门的安全作业培训，取得特种作业操作资格证书，方可上岗作业。"

 临时线路未架空敷设，容易导致线路破损漏电。

正确示例	隐患示例

 规范标准

◆《建筑与市政工程施工现场临时用电安全技术标准》（JGJ/T 46—2024）第 6.2.3 条规定："电缆线路应采用埋地或架空敷设，并应避免机械损伤和介质腐蚀。埋地电缆路径应设置标识桩。"

◆《建筑与市政工程施工现场临时用电安全技术标准》（JGJ/T 46—2024）第 6.2.9 条规定："架空电缆应沿电杆、支架或墙壁敷设，并采用绝缘子固定，绑扎线必须采用绝缘线，固定点间距应保证电缆能承受自重荷载，敷设高度应符合本标准第 6.1 节架空线路敷设高度的要求，但沿墙壁敷设时最大弧垂距地不得小于 2.0m。"

⚠ 对电焊机裸露导电部分未装设安全保护罩，易发生易触电事故。

正确示例	隐患示例

■ 规范标准

◆《建筑与市政工程施工现场临时用电安全技术标准》(JGJ/T 46—2024) 第7.5.2 条规定:"交流弧焊机变压器的一次侧电源线长度不应大于5m,其电源进线处应设置防护罩。发电机式直流电焊机的换向器应经常检查和维护,消除可能产生的异常电火花。"

◆《电业安全工作规程 第1部分:热力机械》(GB 26164.1—2010) 第14.2.10 条规定:"电焊机的裸露导电部分和转动部分以及冷却用的风扇,均应装有保护罩。"

 现场 TN-S 接零保护系统接线错误。

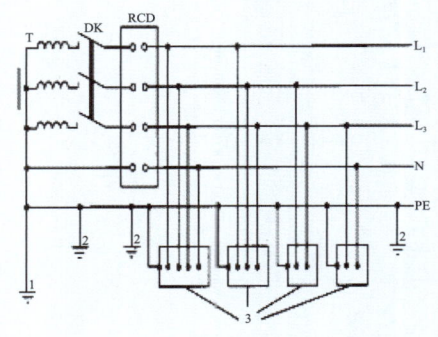

正确示例

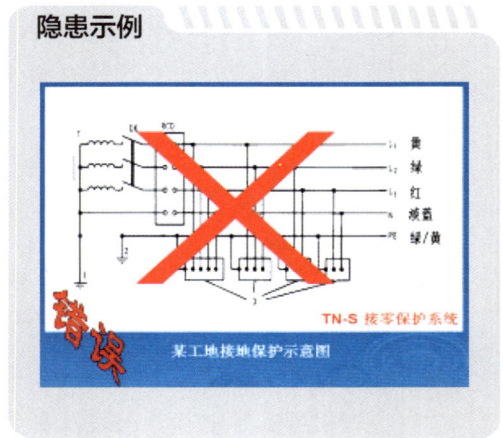

隐患示例

■ 规范标准

◆《建筑与市政工程施工现场临时用电安全技术标准》(JGJ/T 46—2024) 第3.3.4 条规定:"开关箱中剩余电流动作保护器的额定剩余动作电流不应大于30mA,额定剩余电流动作时间不应大于0.1s。潮湿或有腐蚀介质场所的剩余电流动作保护器应采用防溅型产品,其额定剩余动作电流不应大于15mA,额定剩余电流动作时间不应大于0.1s。"

◆《建筑与市政工程施工现场临时用电安全技术标准》(JGJ/T 46—2024) 第3.1.1 条规定:"施工现场临时用电工程专用的电源中性点直接接地的220/380V三相四线制低压电力系统,必须符合下列规定:1.采用三级配电系统;2.采用TN-S系统;3.采用二级剩余电流动作保护系统。"

用电设备金属外壳未做接零保护易发生触电事故。

正确示例

隐患示例

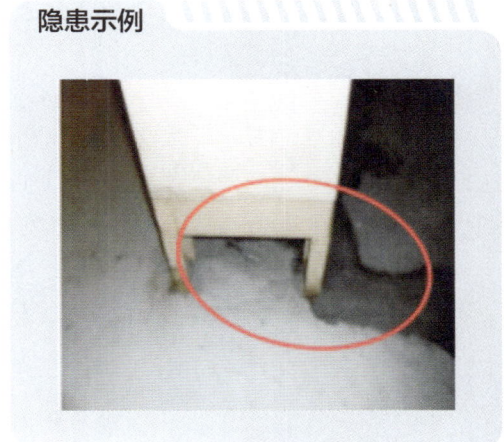

■ 规范标准 ■

◆《建筑与市政工程施工现场临时用电安全技术标准》(JGJ/T 46—2024) 第 3.2.1 条规定:"施工现场专用变压器供电的 TN-S 系统中,电气设备的金属外壳应与保护接地导体(PE)连接。保护接地导体(PE)应由工作接地、配电室(总配电箱)电源侧中性导体(N)处引出。"

 开关箱漏电保护器参数选择不符合要求,易出现开关箱带电事故。

正确示例

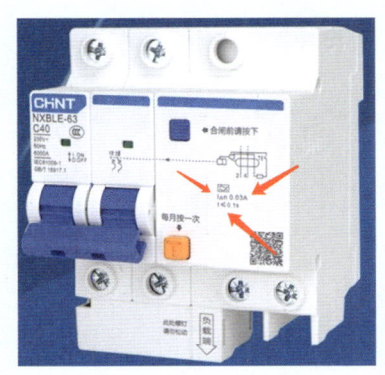

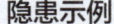

隐患示例

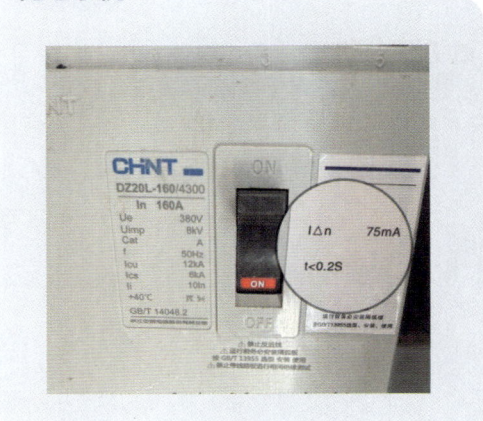

■ 规范标准

◆《建筑与市政工程施工现场临时用电安全技术标准》（JGJ/T 46—2024）第 3.3.4 条规定："开关箱中剩余电流动作保护器的额定剩余动作电流不应大于 30mA，额定剩余电流动作时间不应大于 0.1s。潮湿或有腐蚀介质场所的剩余电流动作保护器应采用防溅型产品，其额定剩余动作电流不应大于 15mA，额定剩余电流动作时间不应大于 0.1s。"

⚠ 室外摄像机支柱（杆）未接地，易导致漏电事故。

正确示例

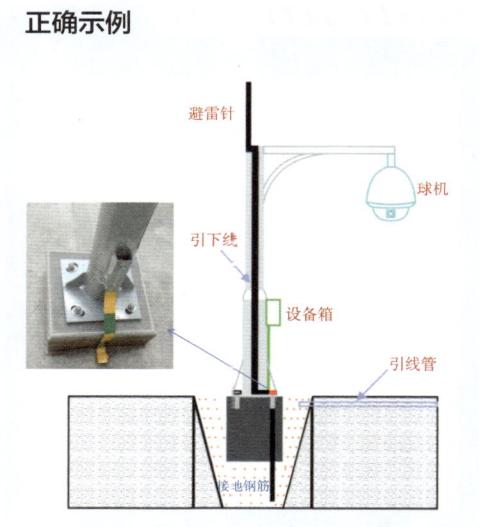

隐患示例

■ 规范标准

◆《民用闭路监视电视系统技术规范》（GB 50198—2011）第 3.5.5 条规定："室外架设的设备及立杆应良好接地，其接地电阻不得大于 10Ω。为防止电磁感应，沿杆引上摄像机的电源线和信号线应穿金属管屏蔽。"

⚠ 线缆破损，存在安全隐患。

正确示例

隐患示例

■ 规范标准

◆《用电安全导则》（GB/T 13869—2017）第 5.1.2 条规定："电气线路应具有足够的绝缘强度、机械强度和导电能力，其安装应符合相应产品标准的规定。"

◆《低压配电设计规范》（GB 50054—2011）第 5.1.1 条规定："带电部分应全部用绝缘层覆盖，其绝缘层应能长期承受在运行中遇到的机械、化学、电气及热的各种不利影响。"

◆《建筑电气工程施工质量验收规范》（GB 50303—2015）第 13.1.2 条规定："电缆敷设不得存在绞拧、铠装压扁、护层断裂和表面严重划伤等缺陷。"

 配电箱无日检记录，无法判断是否正常。

正确示例

隐患示例

■ 规范标准

◆《建设工程施工现场供用电安全规范》（GB 50194—2014）第 12.0.3 条规定："供用电设施的日常运行、维护应符合下列规定：3.配电装置和变压器，每班应巡视检查 1 次。"

第 2 章 浇灌混凝土模板工程

2.1 材料及构配件

⚠️ 钢管锈蚀严重导致钢管壁厚变小,影响钢管竖向承载力;钢管弯曲变形导致钢管产生初始弯矩,钢管偏心受压,影响钢管稳定性。

正确示例

表 8.1.8 构配件的允许偏差

序号	项目	允许偏差 Δ (mm)	示意图	检查工具
3	钢管外表面锈蚀深度	≤ 0.18		游标卡尺
4	钢管弯曲 ①各种杆件钢管的端部弯曲 l ≤ 1.5m	≤ 5		钢板尺
	②立杆钢管弯曲 3m < l ≤ 4m 4m < l ≤ 6.5m	≤ 12 ≤ 20		
	③水平杆、斜杆的钢管弯曲 l > 6.5m	≤ 30		

隐患示例

■ 规范标准

◆《建筑施工扣件式钢管脚手架安全技术规范》(JGJ 130—2011)第 8.1.2 条第 1 款规定:"表面锈蚀深度应符合本规范表 8.1.8 序号 3 锈蚀检查应每年一次的规定,检查时,应在锈蚀严重的钢管中抽取三根,在每根锈蚀严重的部位横向截断取样检查,当锈蚀深度超过规定值时不得使用。"

第 8.1.2 条第 2 款规定:"钢管弯曲变形应符合本规范表 8.1.8(序号 4)的规定。"

钢管开裂导致钢管破坏，易发生安全事故。

正确示例

隐患示例

■ 规范标准

◆《建筑施工扣件式钢管脚手架安全技术规范》（JGJ 130—2011）第 8.1.1 条第 3 款规定："钢管表面应平直光滑，不应有裂缝、结疤、分层、错位、硬弯、毛刺、压痕和深的划道。"第 5 款规定："钢管应涂有防锈漆。"

 钢管打孔导致钢管承载力降低、架体失稳，易发生安全事故。

正确示例

隐患示例

■ 规范标准

◆《建筑施工扣件式钢管脚手架安全技术规范》（JGJ 130—2011）第 9.0.4 条规定："钢管上严禁打孔。"

扣件缺失螺栓影响钢管连接节点的连接强度。

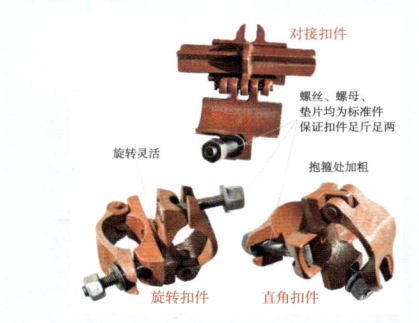

■ 规范标准

◆《建筑施工扣件式钢管脚手架安全技术规范》（JGJ 130—2011）第 8.1.4 条规定："扣件进入施工现场应检查产品合格证，并应进行抽样复试，技术性能应符合现行国家标准《钢管脚手架扣件》（GB 15831—2023）的规定。"

 可调托撑变形导致其承载力降低，易发生破坏造成架体失稳。

■ 规范标准

◆《施工脚手架通用规范》（GB 55023—2022）第 3.0.1 条规定："脚手架材料与构配件的性能指标应满足脚手架使用的需要，质量应符合国家现行相关标准的规定。"

◆《建筑施工扣件式钢管脚手架安全技术规范》（JGJ 130—2011）第 3.4.1 条规定："可调托撑螺杆外径不得小于 36mm，直径与螺距应符合现行国家标准《梯型螺纹》GB/T 5796.2、GB/T 5796.3 的规定。"

第 3.4.2 条规定："可调托撑的螺杆与支托板焊接应牢固，焊缝高度不得小于 6m；可调托撑螺杆与螺母旋合长度不得少于 5 扣，螺母厚度不得小于 30mm。"

2.2 模板支架立杆与基础

（重大隐患） 钢管立杆支承在土面上，下部土层未夯实处理，无排水设施，立杆脚未设置垫板或垫板放置不稳，扫地杆及纵横水平杆设置不足，使得基础承载力和变形不满足设计要求。由此，容易造成立杆脚悬空，进而导致立杆失稳，架体坍塌。

正确示例

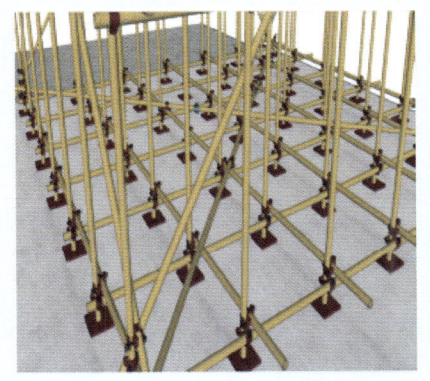

隐患示例

■ 规范标准

◆《施工脚手架通用规范》(GB 55023—2022) 第 4.1.3 条规定："脚手架地基应符合下列规定：1.应平整坚实，应满足承载力和变形要求；2.应设置排水措施，搭设场地不应积水；3.冬期施工应采取防冻胀措施。"

◆《建筑施工模板安全技术规范》(JGJ 162—2008) 第 6.1.2 条第 3 款规定："当满堂或共享空间模板支架立柱高度超过 8m 时，若地基土达不到承载要求，无法防止立柱下沉，则应先施工地面下的工程，再分层回填夯实基土，浇筑地面混凝土垫层，达到强度后方可支模。"

第 6.1.2 条第 2 款规定："支架立柱支承部分安装在基土上时，应加设垫板，垫板应有足够强度和支承面积，且应中心承载。基土应坚实，并应有排水措施。"

 钢管立杆未支承在可靠的支承面上。容易导致因立杆支承面破坏而立杆下沉，致使架体局部失稳引起整体坍塌。

正确示例

隐患示例

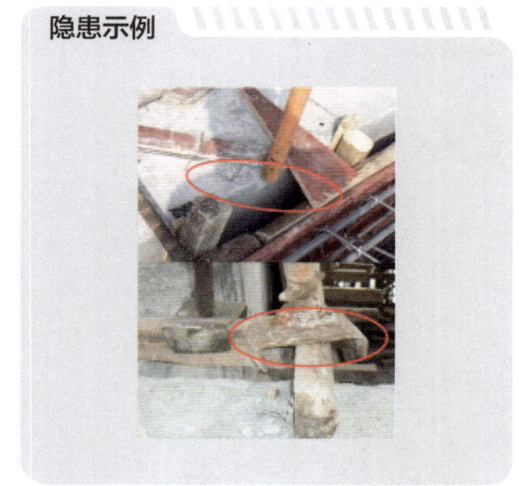

■ 规范标准

◆《施工脚手架通用规范》(GB 55023—2022)第4.1.3条规定:"脚手架地基应符合下列规定:1.应平整坚实,应满足承载力和变形要求;2.应设置排水措施,搭设场地不应积水;3.冬期施工应采取防冻胀措施。"

⚠ 将套扣架立杆支承在钢管上,从而导致因立杆支承面破坏而立杆下沉,致使架体局部失稳引起整体坍塌。

正确示例

隐患示例

■ 规范标准

◆《建筑施工模板安全技术规范》(JGJ 162—2008)第6.2.4条第4款规定:"严禁将上段的钢管立柱与下段钢管立柱错开固定于水平拉杆上。"

钢管立杆未支承在可靠的支承面上，使得立杆承受荷载下沉，导致架体局部失稳引起整体坍塌。

正确示例

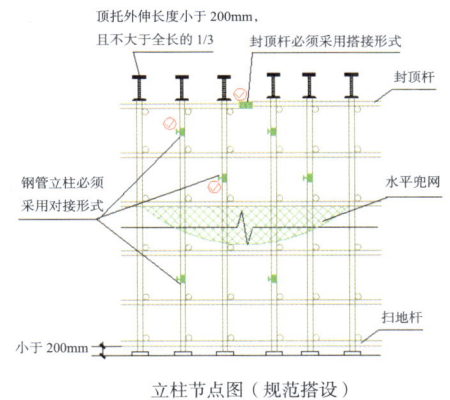

立柱节点图（规范搭设）

隐患示例

■ 规范标准

◆《建筑施工模板安全技术规范》（JGJ 162—2008）第 6.2.4 条第 4 款规定："严禁将上段的钢管立柱与下段钢管立柱错开固定于水平拉杆上。"

 楼梯斜板支撑采用斜立杆、未设置纵横向水平杆、钢管立杆未支承在可靠的支承面上，导致因立杆支承面破坏而立杆下沉，致使架体局部失稳引起整体坍塌。

正确示例

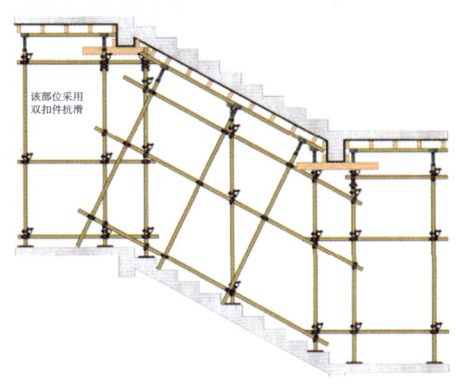

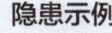 隐患示例

规范标准

◆《建筑施工模板安全技术规范》(JGJ 162—2008)第6.1.6条规定:"当支架立柱成一定角度倾斜,或其支架立柱的顶表面倾斜时,应采取可靠措施确保支点稳定,支撑底脚必须有防滑移的可靠措施。"

◆《施工脚手架通用规范》(GB 55023—2022)第4.4.14条规定:"支撑脚手架的水平杆应按步距沿纵向和横向通长连续设置,且应与相邻立杆连接稳固。"

⚠ 立杆支承地面存在高低台阶、盘扣支撑架高低跨立杆水平杆连接不足或不规范,容易导致支撑架低跨立杆因扫地杆离地过高,有效约束不足,而使立杆弯曲变形大而失稳。

正确示例

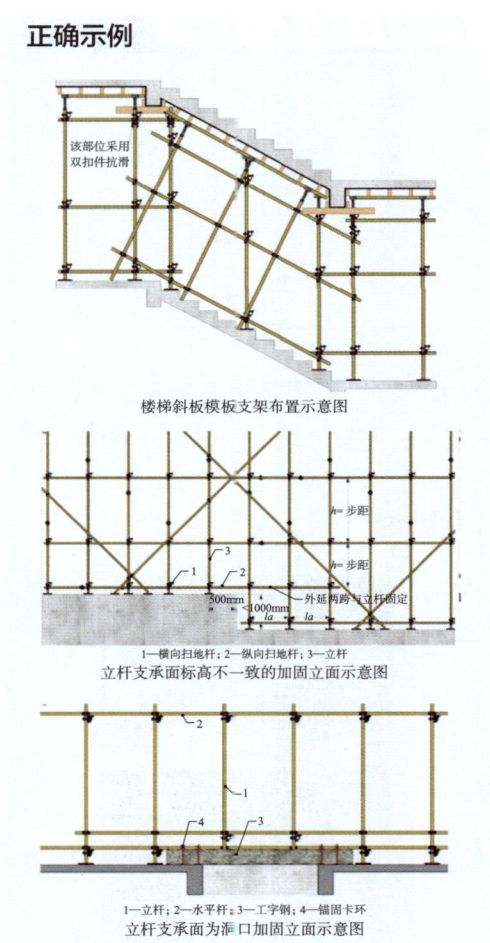

楼梯斜板模板支架布置示意图

1—横向扫地杆;2—纵向扫地杆;3—立杆
立杆支承面标高不一致的加固立面示意图

1—立杆;2—水平杆;3—工字钢;4—锚固卡环
立杆支承面为洞口加固立面示意图

隐患示例

36

■ 规范标准

◆《建筑施工扣件式钢管脚手架安全技术规范》(JGJ 130—2011)第6.3.3条规定:"脚手架立杆础不在同一高度上时,必须将高处的纵向扫地杆向低处延长两跨与立杆固定,高低差不应大于1m。靠边坡上方的立杆轴到边坡的距离不应小于500mm。"

 悬挑结构采用斜支撑、未设置纵横向水平杆、立杆未支承在可靠的支承面上。悬挑结构外伸大容易导致斜支撑钢管向外倾覆,斜支撑钢管纵横水平杆连接不足导致架体失稳。

正确示例

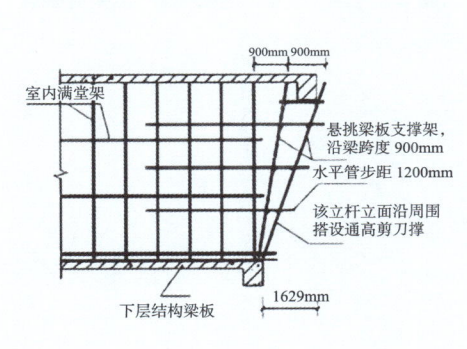

隐患示例

■ 规范标准

◆《建筑施工模板安全技术规范》(JGJ 162—2008)第6.1.6条规定:"当支架立柱成一定角度倾斜,或其支架立柱的顶表面倾斜时,应采取可靠措施确保支点稳定,支撑底脚必须有防滑移的可靠措施。"

2.3 支架构造

⚠️ 扣件式钢管立杆可调托撑伸出顶层水平杆的悬臂长度大于500mm容易因顶部立杆约束不足,造成钢管偏心受力而失稳。

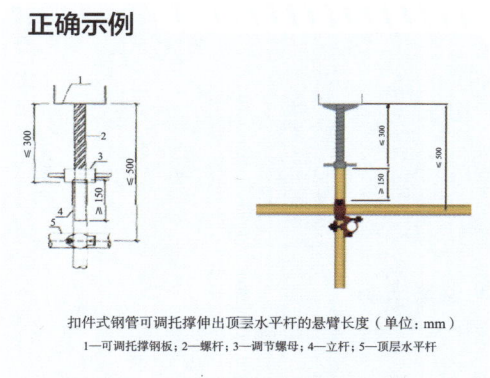

扣件式钢管可调托撑伸出顶层水平杆的悬臂长度（单位：mm）
1—可调托撑钢板；2—螺杆；3—调节螺母；4—立杆；5—顶层水平杆

■ 规范标准

◆《混凝土结构工程施工规范》（GB 50666—2011）第4.4.8条第1款规定："宜在支架立杆顶插入可调托座，可调托座螺杆外径不应小于36mm，螺杆插入钢管内的长度不应小于150mm，可调托座伸出顶层水平杆悬臂长度不应大于500mm。"

⚠️ 套扣式钢管立杆可调托撑伸出顶层水平杆的悬臂长度大于650mm。顶部立杆约束不足，容易造成钢管偏心受力而失稳。

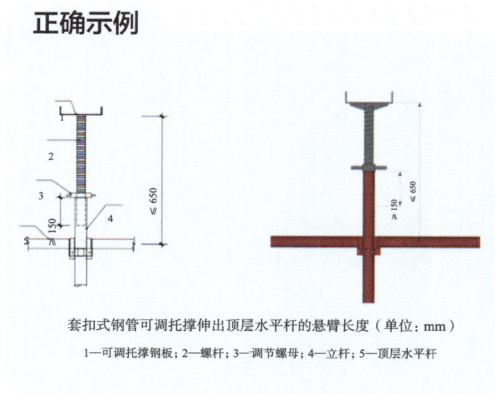

套扣式钢管可调托撑伸出顶层水平杆的悬臂长度（单位：mm）
1—可调托撑钢板；2—螺杆；3—调节螺母；4—立杆；5—顶层水平杆

■ 规范标准

◆《建筑施工承插型轮扣式模板支架安全技术规程》(T/CCIAT 0003—2019) 第 6.1.9 条第 1 款规定:"可调托撑伸出顶层水平杆的悬臂长度严禁超过 650mm。"第 6.1.9 条第 2 款规定:"可调托撑伸出立杆顶端长度不应超过 300mm,插入的长度不应小于 200mm。"

⚠ 盘扣式钢管立杆可调托撑伸出顶层水平杆的悬臂长度大于 650mm,容易因顶部立杆约束不足,造成钢管偏心受力而失稳。

正确示例

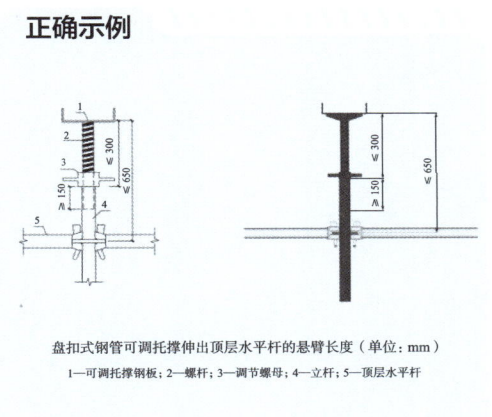

盘扣式钢管可调托撑伸出顶层水平杆的悬臂长度(单位:mm)
1—可调托撑钢板;2—螺杆;3—调节螺母;4—立杆;5—顶层水平杆

隐患示例

■ 规范标准

◆《建筑施工承插型盘扣式钢管支架安全技术规程》(JGJ/T 231—2021) 第 6.2.4 条规定:"支撑架可调托撑伸出顶层水平杆或双槽钢托梁中心线的悬臂长度不应超过 650mm,且丝杆托外露长度不应超过 400mm,可调托撑插入立杆或双槽钢托梁长度不得小于 150mm。"

⚠ 钢管立杆未错开接长,部分采用短钢管接长,导致支撑架的整体刚度差,造成失稳坍塌。

正确示例

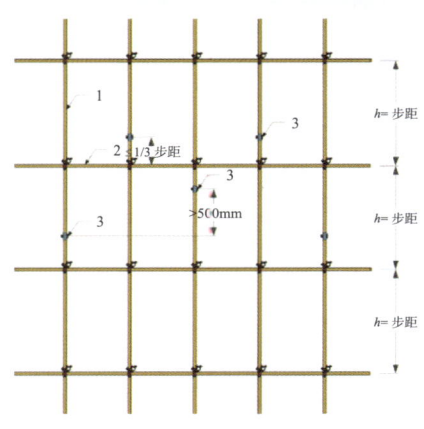

扣件式钢管立杆接长立面示意图
1—立杆；2—纵横向水平杆；3—立杆对接接头

隐患示例

■ 规范标准 ■

◆《建筑施工模板安全技术规范》（JGJ 162—2008）第 6.2.4 条第 3 款规定："立柱接长严禁搭接，必须采用对接扣件连接，相邻两立柱的对接接头不得在同步内，且对接接头沿竖向错开的距离不宜小于 500mm，各接头中心距主节点不宜大于步距的 1/3。"

 轮扣式钢管立杆未错开接长。导致支撑架整体刚度差，造成失稳坍塌。

正确示例

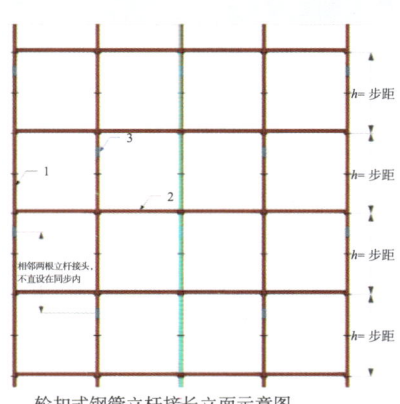

轮扣式钢管立杆接长立面示意图
1—立杆；2—纵横向水平杆；3—立杆对接接头

隐患示例

■ 规范标准

◆《建筑施工承插型轮扣式模板支架安全技术规程》（T/CCIAT 0003—2019）第 6.1.7 条第 3 款规定："立杆的连接接头宜交错布置，两根相邻立杆的接头不宜设置在同步内。"

 盘扣式钢管支架水平杆的拉结不足，或模板支撑架断口未采用水平杆拉结成整体，使梁下立杆侧向容易失稳。

正确示例

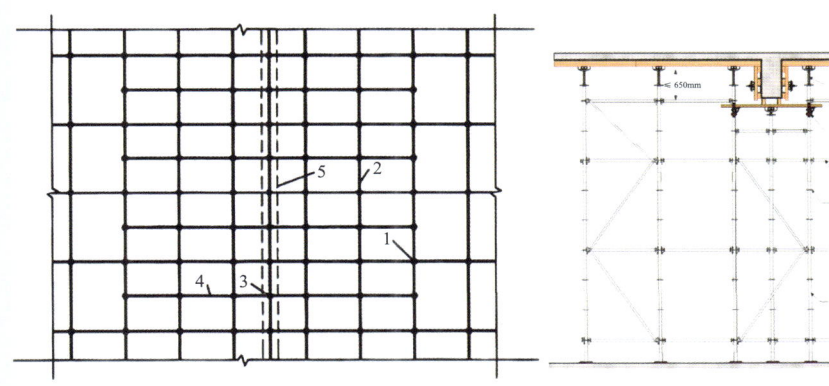

盘扣式钢管模板支架平面图
1—立杆；2—水平杆；3—加密立杆；4—延伸水平杆；5—结构梁

盘扣式钢管模板支架剖面图
1—立杆；2—水平杆；3—可调托撑；4—水平杆与立杆连接

注意：梁下立杆应通过计算确定，梁板共用立杆应采用双扣件支承水平钢管，并应沿梁长设置纵向水平杆进行拉结牢固。

隐患示例

规范标准

◆《施工脚手架通用规范》（GB 55023—2022）第 4.4.14 条规定："支撑脚手架的水平杆应按步距沿纵向和横向通长连续设置，且应与相邻立杆连接稳固。"

◆《混凝土结构工程施工规范》（GB 50666—2011）第 4.4.7 条第 4 款规定："立杆步距的上下两端应设置双向水平杆，水平杆与立杆的交错点应采用扣件连接，双向水平杆与立杆的拉结扣件之间的距离不应大于150mm。"

 轮扣式钢管支架水平杆的拉结不足，或模板支撑架断口未采用水平杆拉结成整体，使梁下立杆侧向容易失稳。

正确示例

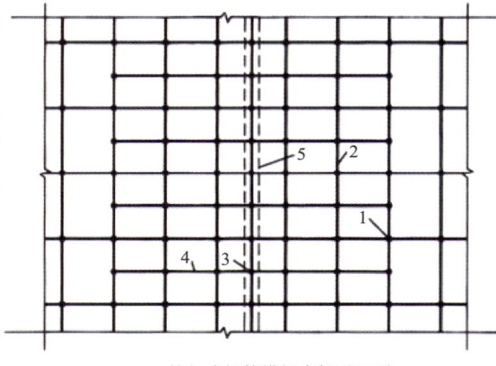 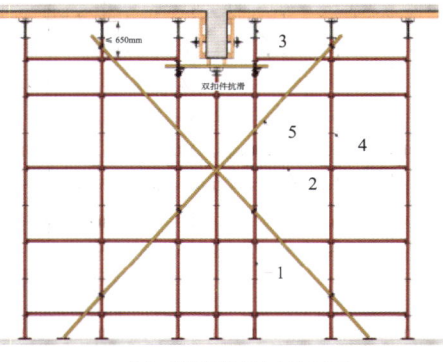

轮扣式钢管模板支架平面图　　　　　　　轮扣式钢管模板支架剖面图
1—立杆；2—水平杆；3—加密立杆；4—延伸水平杆；5—结构梁　　1—立杆；2—水平杆；3—可调托撑；4—轮盘；5—剪刀撑

注意：梁下立杆应通过计算确定，梁板共用立杆应采用双扣件支承水平钢管，并应沿梁长设置纵向水平杆进行拉结牢固。

隐患示例

■ 规范标准

◆《施工脚手架通用规范》(GB 55023—2022)第 4.4.14 条规定:"支撑脚手架的水平杆应按步距沿纵向和横向通长连续设置,且应与相邻立杆连接稳固。"

◆《混凝土结构工程施工规范》(GB 50666—2011)第 4.4.7 条第 4 款规定:"立杆步距的上下两端应设置双向水平杆,水平杆与立杆的交错点应采用扣件连接,双向水平杆与立杆的拉结扣件之间的距离不应大于 150mm。"

 套扣式钢管支架水平杆的拉结不足,或模板支撑架断口未采用水平杆拉结成整体,使梁下立杆侧向容易失稳。

正确示例

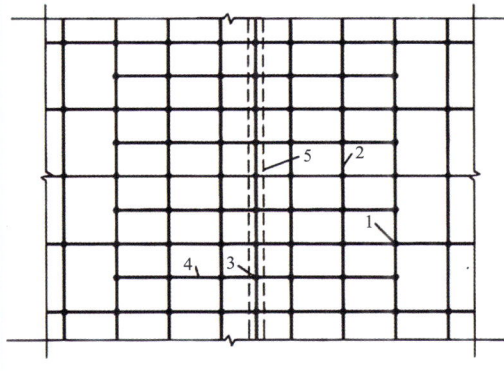

套扣式钢管模板支架平面图
1—立杆;2—水平杆;3—加密立杆;4—延伸水平杆;5—结构梁

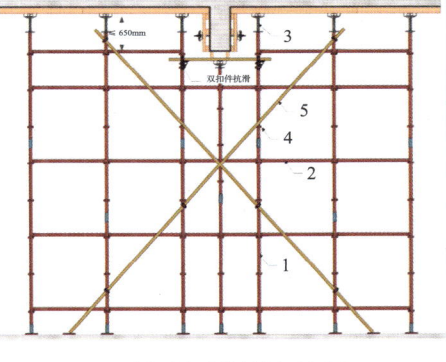

套扣式钢管模板支架剖面图
1—立杆;2—水平杆;3—可调托撑;4—套扣;5—剪刀撑

注意:梁下立杆应通过计算确定,梁板共用立杆应采用双扣件支承水平钢管,并应沿梁长设置纵向水平杆进行拉结牢固。

隐患示例

规范标准

◆《施工脚手架通用规范》(GB 55023—2022) 第 4.4.14 条规定:"支撑脚手架的水平杆应按步距沿纵向和横向通长连续设置,且应与相邻立杆连接稳固。"

◆《混凝土结构工程施工规范》(GB 50666—2011) 第 4.4.7 条第 4 款规定:"立杆步距的上下两端应设置双向水平杆,水平杆与立杆的交错点应采用扣件连接,双向水平杆与立杆的拉结扣件之间的距离不应大于 150mm。"

 支撑架立杆欠缺扫地杆,容易导致架体失稳,底部不宜使用顶托。

正确示例

套扣式钢管立杆扫地杆示意图

盘扣式钢管立杆扫地杆示意图

扣件式钢管立杆扫地杆示意图

轮扣式钢管立杆扫地杆示意图

隐患示例

■ **规范标准**

◆《施工脚手架通用规范》（GB 55023—2022）第 4.4.5 条规定："脚手架底部立杆应设置纵向和横向扫地杆，扫地杆应与相邻立杆连接稳固。"

◆《混凝土结构工程施工规范》（GB 50666—2011）第 4.4.8 条第 4 款规定："立杆纵向和横向应设置扫地杆，纵向扫地杆距立杆底部不宜大于 200mm。"

◆《建筑施工承插型盘扣式钢管支架安全技术规程》（JGJ/T 231—2021）第 6.2.6 条规定："板支撑架可调底座节丝杆插入立杆长度不得小于 150mm，丝杆外露长度不宜大于 300mm，作为扫地杆的最底层水平杆中心线距离可调底座的底板不应大于 550mm。"

◆《建筑施工承插型轮扣式模板支架安全技术规程》（T/CCIAT 0003—2019）第 6.1.8 条第 2 款规定："模板支架应设置纵向和横向水平杆，底部水平杆距地高度不应超过 550mm。"

⚠ 水平剪刀撑未与立杆连接，或支撑架未设水平剪刀撑，容易导致架体扭曲变形，整体刚度差。

正确示例

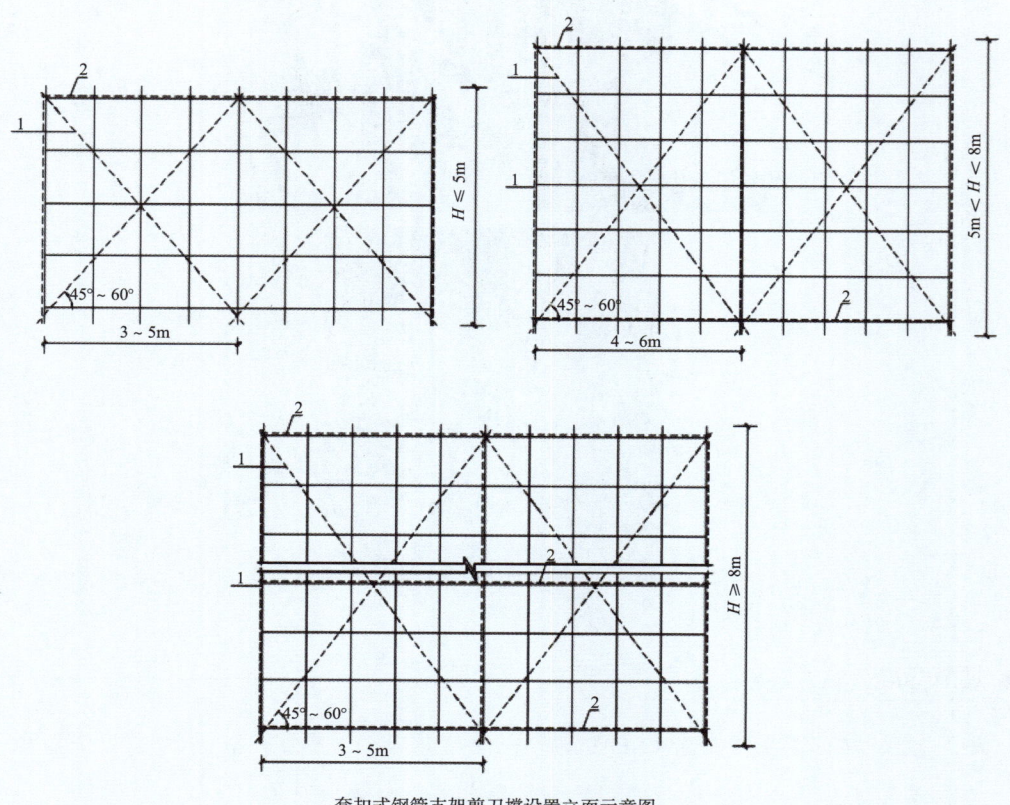

套扣式钢管支架剪刀撑设置立面示意图
1—竖向剪刀撑；2—水平剪刀撑

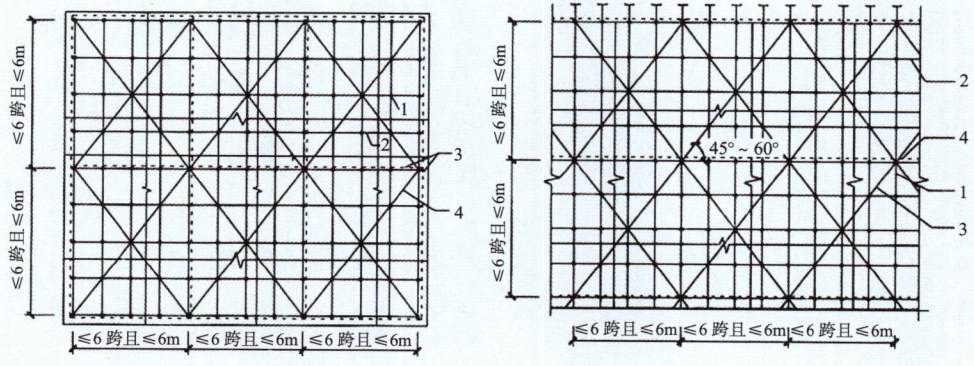

扣件和轮扣式钢管支架剪刀撑布置平面示意图　　　扣件和轮扣式钢管支架剪刀撑布置立面示意图
1—立杆；2—水平杆；3—竖向剪刀撑；4—水平剪刀撑　　　1—立杆；2—水平杆；3—竖向剪刀撑；4—水平剪刀撑

注意：支撑架应沿高度每间隔4个～6个标准步距应设置水平剪刀撑，并应符合现行行业标准《建筑施工扣件式钢管脚手架安全技术规范》（JGJ 130—2011）中钢管水平剪刀撑的有关规定。

隐患示例

 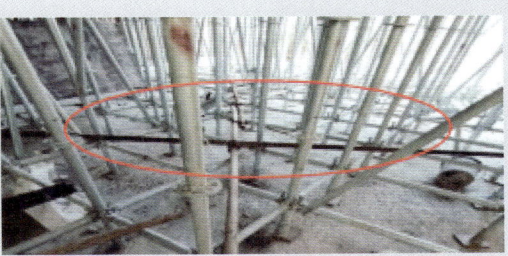

规范标准

◆《建筑施工模板安全技术规范》（JGJ 162—2008）第 6.2.4 条第 5 款规定："满堂模板和共享空间模板支架扣件式钢管立柱，在外侧周圈应设由下至上的竖向连续式剪刀撑；中间在纵横向应每隔10m左右设由下至上的竖向连续式的剪刀撑，其宽度宜为 4～6m，并在剪刀撑部位的顶部、扫地杆处设置水平剪刀撑。"

◆《建筑施工承插型盘扣式钢管支架安全技术规程》（JGJ/T 231—2021）第 6.2.7 条规定："支撑架应沿高度每间隔4个～6个标准步距设置水平剪刀撑，并应符合《建筑施工扣件式钢管脚手架安全技术规范》（JGJ 130）中钢管水平剪刀撑的有关规定。"

 盘扣式支撑架斜杆未固定在水平杆的盘扣盘上，盘扣连接销轴不到位，支架欠缺斜杆。盘扣式钢管立杆与横杆形成一个四边形是可变体系，整体性差导致失稳；盘扣连接销轴不到位，节点稳固性差造成失稳。

正确示例

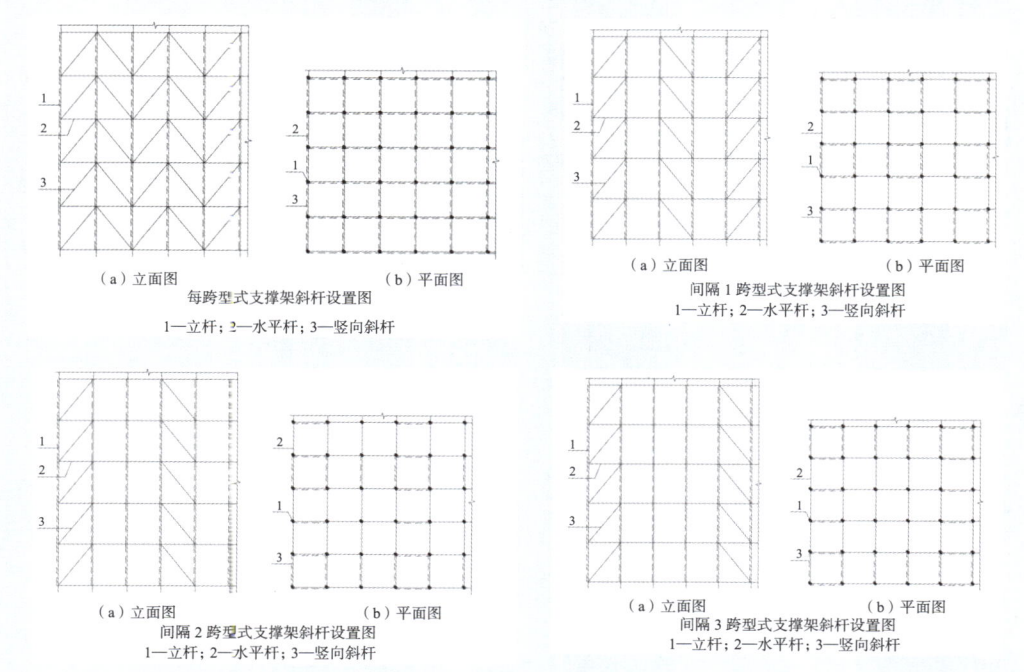

隐患示例

规范标准

◆《建筑施工承插型盘扣式钢管支架安全技术规程》(JGJ/T 231—2021) 第6.2.2条规定:"对标准步距为1.5m的盘扣式钢管支撑架,应根据支撑架搭设高度、支撑架序号及立杆轴向力设计值进行竖向斜杆布置。"

支架立柱高度超过 5m 时，未设置抱柱箍或未与四周混凝土墙体顶紧。故在缺少水平横杆和水平竖杆支撑时，因高度大而水平方向无约束，容易导致架体失稳坍塌。

正确示例

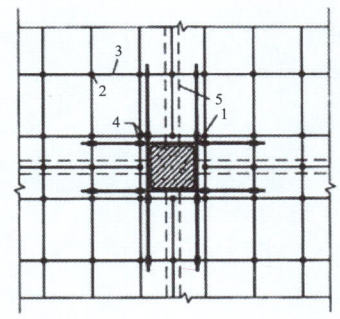

抱柱拉结措施示意图
1—结构柱；2—立杆；3—水平柱；4—直角扣件；5—结构梁

隐患示例

■ 规范标准

◆《混凝土结构工程施工规范》（GB 50666—2011）第 4.4.8 条第 7 款规定："应根据周边结构的情况，采取有效的连接措施加强支架整体稳定性。"

◆《建筑施工模板安全技术规范》（JGJ 162—2008）第 6.2.4 条第 6 款规定："当支架立柱高度超过 5m 时，应在立柱周圈外侧和中间有结构柱的部位，按水平间距 6～9m，竖向间距 2～3m 与建筑结构设置一个固结点。"

◆《建筑施工承插型盘扣式钢管支架安全技术规程》（JGJ/T 231—2021）第 6.2.6 条规定："当支撑架搭设高度超过 8m、周围有既有建筑结构时，应沿高度每间隔 4 个～6 个步距与周围已建成的结构进行可靠拉结。"

2.4　模板系统

⚠ 枋截面不足、烂疤，楼板模板欠缺木枋，或木枋截面不足、有缺陷，容易导致局部失稳带来整体坍塌。

正确示例

隐患示例

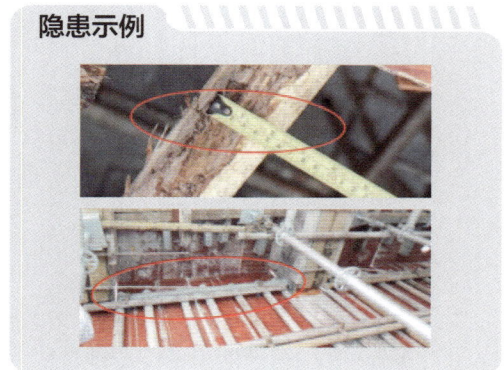

■ 规范标准

◆《混凝土结构工程施工规范》（GB 50666—2011）第 4.6.1 条第 2 款规定："模板的规格和尺寸，支架构件的直径和壁厚，及连接件的质量，应符合设计要求。"

⚠ 梁下钢管主龙骨上垫木枋或高大截面梁下单立杆、梁板采用共用立杆未设置双扣件支承主龙骨使得钢管上的木枋容易发生滑动导致失稳，导致模板系统失稳。

正确示例

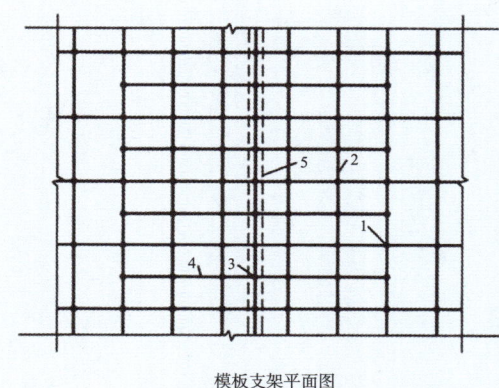

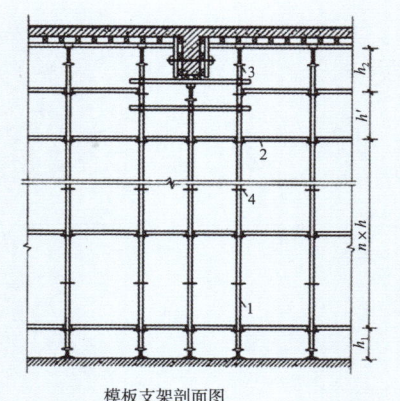

模板支架平面图　　　　　　　　　　　模板支架剖面图

1—立杆；2—水平杆；3—加密立杆；4—延伸水平杆；5—结构梁　　　1—立杆；2—水平杆；3—可调托撑；4—水平杆与立杆连接

注意：梁下立杆应通过计算确定，梁板共用立杆应采用双扣件支承水平钢管，并应沿梁长设置纵向水平杆进行拉结牢固。

隐患示例

■ **规范标准**

◆《混凝土结构工程施工规范》（GB 50666—2011）第 4.6.1 条第 2 款规定："模板的规格和尺寸，支架构件的直径和壁厚，及连接件的质量，应符合设计要求。"

◆《施工脚手架通用规范》（GB 55023—2022）第 3.0.3 条规定："脚手架所用杆件和构配件应配套使用，并应满足组架方式及构造要求。"

（**重大隐患**）梁模板主龙骨悬臂长度大、次龙骨木枋平放。梁模板主龙骨、次龙骨未按专项施工方案设计布设，次龙骨截面高度变小或主龙骨跨度过大导致其承载力降低、变形大造成失稳。

正确示例

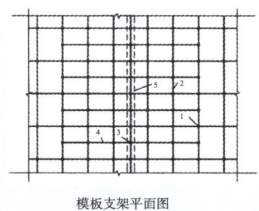
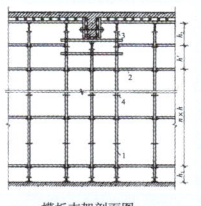

模板支架平面图
1—立杆；2—水平杆；3—加密立杆；
4—延伸水平杆；5—结构梁

模板支架剖面图
1—立杆；2—水平杆；3—可调托撑；
4—水平杆与立杆连接

注：梁下立杆应通过计算确定，梁板共用立杆应采用双扣件支承水平钢管，并应沿梁长设置纵向水平杆进行拉结牢固。

隐患示例

■ 规范标准

◆《混凝土结构工程施工规范》（GB 50666—2011）第 4.6.1 条第 2 款规定："模板的规格和尺寸、支架构件的直径和壁厚，及连接件的质量，应符合设计要求。"

◆《施工脚手架通用规范》（GB 55023—2022）第 3.0.3 条规定："脚手架所用杆件和构配件应配套使用，并应满足组架方式及构造要求。"

⚠ 模板主龙骨采用木枋支承在钢管或轮扣盘上时，木枋承载能力比钢管差，木枋不垂直有水平分力致使其受弯矩作用，且无纵横向水平连接约束，木枋支承在钢管和轮扣盘上容易滑动，均易造成木枋失稳掉落。

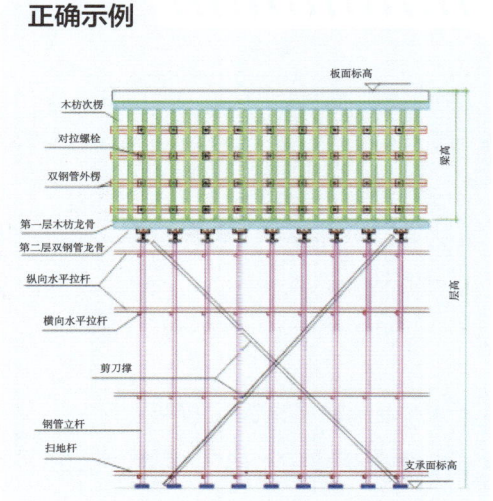

■ 规范标准

◆《混凝土结构工程施工规范》（GB 50666—2011）第 4.6.1 条第 2 款规定："模板的规格和尺寸、支架构件的直径和壁厚，及连接件的质量，应符合设计要求。"

◆《施工脚手架通用规范》（GB 55023—2022）第 3.0.3 条规定："脚手架所用杆件和构配件应配套使用，并应满足组架方式及构造要求。"

⚠ 可调托撑与立杆错位、可调托撑与立杆搭接且采用塑料篾条绑扎、可调托撑支承在木枋上，由于托撑与下部立杆错位不能传递竖向荷载，或托撑支承在木枋上，容易造成模板系统失稳。

正确示例

隐患示例

■ **规范标准**

◆《混凝土结构工程施工规范》（GB 50666—2011）第 4.6.1 条第 2 款规定："模板的规格和尺寸，支架构件的直径和壁厚，及连接件的质量，应符合设计要求。"

◆《施工脚手架通用规范》（GB 55023—2022）第 3.0.3 条规定："脚手架所用杆件和构配件应配套使用，并应满足组架方式及构造要求。"

 钢管立杆顶部欠缺可调托撑，使得模板系统加荷载时，钢管顶部滑脱，导致模板系统失稳；可调托撑未托住梁模板主龙骨，导致模板系统产生不均匀下沉而造成失稳。

正确示例

隐患示例

■ 规范标准

◆《混凝土结构工程施工规范》（GB 50666—2011）第 4.6.1 条第 2 款规定："模板的规格和尺寸，支架构件的直径和壁厚，及连接件的质量，应符合设计要求。"

◆《施工脚手架通用规范》（GB 55023—2022）第 3.0.3 条规定："脚手架所用杆件和构配件应配套使用，并应满足组架方式及构造要求。"

 双槽钢托梁随意支承在双槽钢上、槽钢固定螺栓未全数安装，使得双槽钢托梁支承在槽钢上无有效固定措施，容易导致槽钢托梁失稳；槽钢生锈严重也会降低承载力。

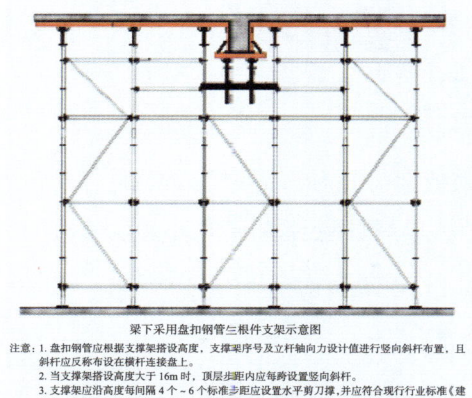

正确示例

梁下采用盘扣钢管三根件支架示意图

注：1. 盘扣钢管应根据支撑架搭设高度、支撑架序号及立杆轴向力设计值进行竖向斜杆布置，且斜杆应反称布设在横杆连接盘上。
2. 当支撑架搭设高度大于 16m 时，顶层步距内应每跨设置竖向斜杆。
3. 支撑架应沿高度每间隔 4 个～6 个标准步距应设置水平剪刀撑，并应符合现行行业标准《建筑施工扣件式钢管脚手架安全技术规范》JGJ 130—2011 中钢管水平剪刀撑的有关规定。

隐患示例

■ 规范标准

◆《混凝土结构工程施工规范》（GB 50666—2011）第 4.6.1 条第 2 款规定："模板的规格和尺寸，支架构件的直径和壁厚，及连接件的质量，应符合设计要求。"

◆《施工脚手架通用规范》（GB 55023—2022）第 3.0.3 条规定："脚手架所用杆件和构配件应配套使用，并应满足组架方式及构造要求。"

 双槽钢托梁两侧未加横杆，导致立杆偏心受力失稳；双槽钢固定螺栓未全数安装，容易导致双槽钢托梁失稳。

正确示例

隐患示例

■ 规范标准

◆《混凝土结构工程施工规范》（GB 50666—2011）第 4.6.1 条第 2 款规定："模板的规格和尺寸，支架构件的直径和壁厚，及连接件的质量，应符合设计要求。"

◆《施工脚手架通用规范》（GB 55023—2022）第 3.0.3 条规定："脚手架所用杆件和构配件应配套使用，并应满足组架方式及构造要求。"

⚠ 双槽钢托梁长度不足、立杆处无固定螺栓。双槽钢托梁长度不足，导致立杆处固定螺栓无法安装，双槽钢托梁容易滑脱，导致双槽钢托梁失稳破坏。

正确示例

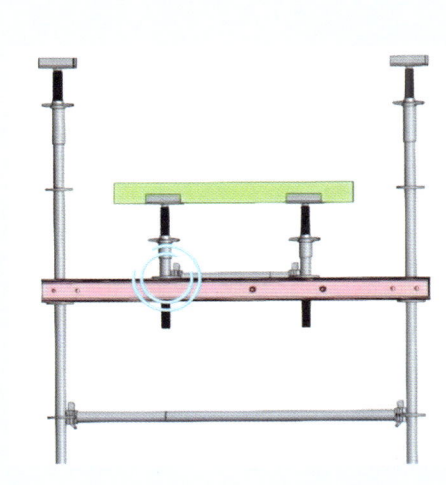
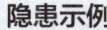

隐患示例

■ 规范标准

◆《混凝土结构工程施工规范》(GB 50666—2011)第4.6.1条第2款规定:"模板的规格和尺寸,支架构件的直径和壁厚,及连接件的质量,应符合设计要求。"

◆《施工脚手架通用规范》(GB 55023—2022)第3.0.3条规定:"脚手架所用杆件和构配件应配套使用,并应满足组架方式及构造要求。"

2.5 混搭和支架超堆载

 支撑架采用扣件式和套扣式钢管混搭。立杆材料、构造不同,其承载能力和变形就不同,钢管立杆容易产生不均匀沉降而导致架体局部失稳。

正确示例

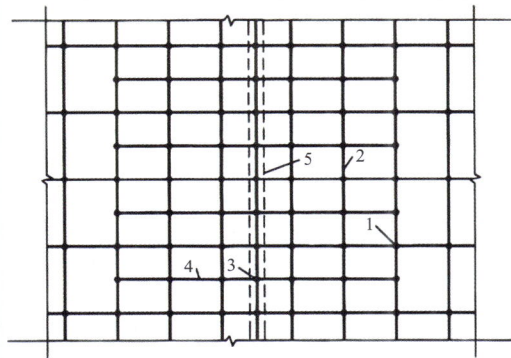
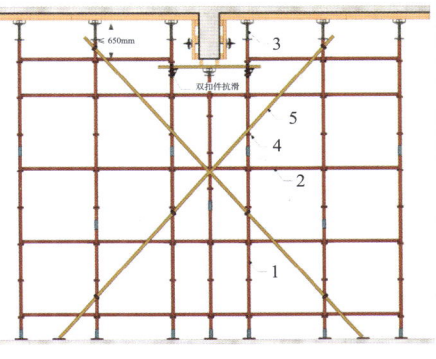

套扣式钢管模板支架平面图　　　　　　套扣式钢管模板支架剖面图
1—立杆;2—水平杆;3—加密立杆;4—延伸水平杆;5—结构梁　　1—立杆;2—水平杆;3—可调托撑;4—套扣;5—剪刀撑

注意:梁下立杆应通过计算确定,梁板共用立杆应采用双扣件支承水平钢管,并应沿梁长设置纵向水平杆进行拉结牢固。

隐患示例

■ 规范标准

◆《混凝土结构工程施工规范》(GB 50666—2011)第 4.6.1 条第 2 款规定:"模板的规格和尺寸,支架构件的直径和壁厚,及连接件的质量,应符合设计要求。"

◆《施工脚手架通用规范》(GB 55023—2022)第 3.0.3 条规定:"脚手架所用杆件和构配件应配套使用,并应满足组架方式及构造要求。"

支撑架采用扣件式钢管、套扣式钢管和盘扣式钢管混搭。立杆材料、构造不同,其承载能力和变形就不同,钢管立杆容易产生不均匀沉降而导致架体局部失稳。

正确示例

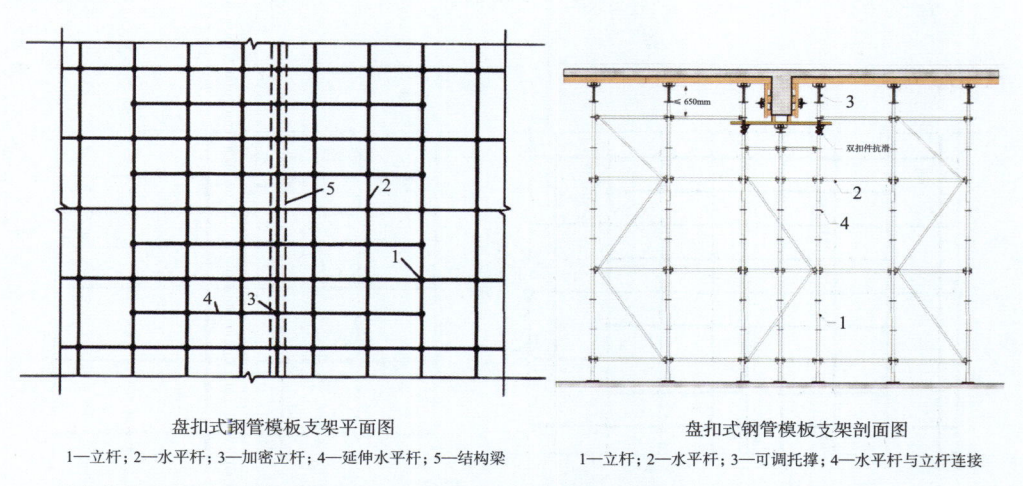

盘扣式钢管模板支架平面图
1—立杆；2—水平杆；3—加密立杆；4—延伸水平杆；5—结构梁

盘扣式钢管模板支架剖面图
1—立杆；2—水平杆；3—可调托撑；4—水平杆与立杆连接

注：梁下立杆应通过计算确定，梁板共用立杆应采用双扣件支承水平钢管，并应沿梁长设置纵向水平杆进行拉结牢固。

隐患示例

■ 规范标准

◆《混凝土结构工程施工规范》（GB 50666—2011）第 4.6.1 条第 2 款规定："模板的规格和尺寸，支架构件的直径和壁厚，及连接件的质量，应符合设计要求。"

◆《施工脚手架通用规范》（GB 55023—2022）第 3.0.3 条规定："脚手架所用杆件和构配件应配套使用，并应满足组架方式及构造要求。"

利用脚手架立杆作为模板支架立杆。脚手架设计计算和架体构造与支撑架不相同,脚手架立杆架设高度大,垂直度较难控制,容易导致架体立杆失稳。

正确示例

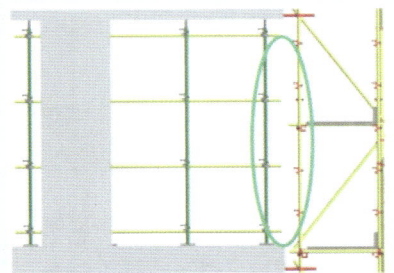

隐患示例

■ 规范标准

◆《施工脚手架通用规范》(GB 55023—2022)第 5.3.3 条规定:"严禁将支撑脚手架、缆风绳、混凝土输送泵管、卸料平台及大型设备的支承件等固定在作业脚手架上。严禁在作业脚手架上悬挂起重设备。"

(**重大隐患**)模板支撑架上超量堆放周转材料。容易导致支撑架超载坍塌或周转材料发生高处坠落。

正确示例

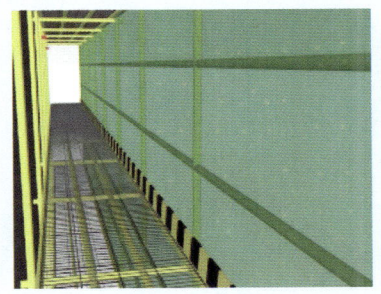

隐患示例

■ 规范标准

◆《施工脚手架通用规范》(GB 55023—2022)第 5.3.1 条规定:"脚手架作业层上的荷载不得超过荷载设计值。"

2.6　早拆支撑体系

⚠ 铝合金模板早拆体系的钢管支撑随意拆除。钢管支撑未达到拆除条件，提前拆除钢管支撑，会导致混凝土开裂，存在结构坍塌的风险。

正确示例

隐患示例

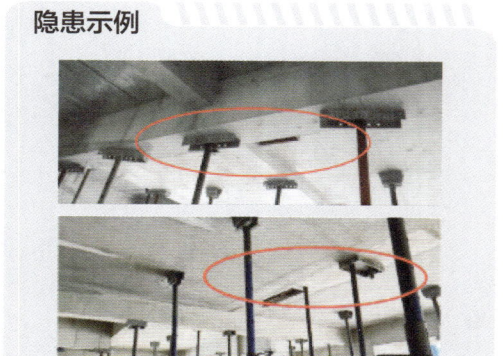

■ 规范标准

◆《施工脚手架通用规范》（GB 55023—2022）第 4.1.4 条规定："应对支撑脚手架的工程结构和脚手架所附着的工程结构进行强度和变形验算，当验算不能满足安全承载要求时，应根据验算结果采取相应的加固措施。"

⚠ 钢管支撑安装不垂直，下管长度（60mm 钢管）小于钢管长度的 1/2。钢管支撑安装不垂直，钢管有初始弯矩而降低了承载力；钢管下管长度小于钢管长度的 1/2，降低了钢管支撑的刚度。

正确示例

隐患示例

■ 规范标准

◆《建筑施工模板安全技术规范》(JGJ 162—2008)第 5.2.5 条第 2 款规定:"下管长度应大于钢管总长度的 1/2 以上。"

◆《组合铝合金模板工程技术规程》(JGJ 386—2016)第 5.2.5 条规定:"早拆模板支撑系统的上、下层竖向支撑的轴线偏差不大于 15mm,支撑立柱垂直度偏差不大于层高的 1/300。"

 钢管支撑安装不垂直,钢管立杆支承在洞口边缘。钢管支撑安装不垂直降低了承载力。钢管立杆支承在洞口边缘,因铝模板早拆混凝土强度较低,洞口边缘容易产生破坏钢管下坠。

正确示例

隐患示例

■ 规范标准

◆《组合铝合金模板工程技术规程》(JGJ 386—2016)第 5.2.5 条规定:"早拆模板支撑系统的上、下层竖向支撑的轴线偏差不大于 15mm,支撑立柱垂直度偏差不大于层高的 1/300。"

第 3 章
安全标识标牌

 安全标志破损、变形、褪色,无法判定破损标志是否适用于该场所。

正确示例

隐患示例

■ 规范标准

◆《安全标志及其使用导则》(GB 2894—2008)第 10.1 条规定:"安全标志牌至少每半年检查一次,如发现有破损、变形、褪色等不符合要求时应及时修整或更换。"(通用)

◆《企业安全生产标准化基本规范》(GB/T 33000—2016)第 5.4.4 条规定:"企业应定期对警示标志进行检查维护,确保其完好有效。"(通用)

◆《生产设备安全卫生设计总则》(GB 5083—1999)第 7.1 条规定:"生产设备易发生危险的部位必须有安全标志。安全标志的图形、符号、文字、颜色等均必须符合 GB 2893、GB 2894、GB 15052 等标准规定。"(除空中、水上交通工具、水上设施、电气设备以及核能设备之外的各类生产设备)

危险区域未设安全警示标志,无法告知现场存在的安全风险,无法发挥警示作用。

正确示例

隐患示例

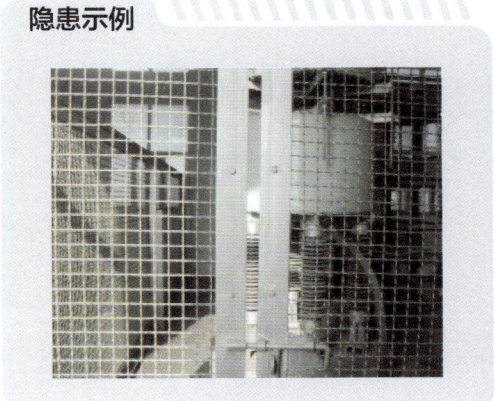

■ **规范标准** ■

◆《中华人民共和国安全生产法》(中华人民共和国主席令第八十八号)第三十五条规定:"生产经营单位应当在有较大危险因素的生产经营场所和有关设施、设备上,设置明显的安全警示标志。"(通用)

◆《企业安全生产标准化基本规范》(AQ/T 9006—2010)第 5.7.3 条规定:"企业应在设备设施检维修、施工、吊装等作业现场设置警戒区域和警示标志,在检维修现场的坑、井、洼、沟、陡坡等场所设置围栏和警示标志。"(通用)

 配电箱安全警示标志缺失,无法告知现场存在的安全风险,无法发挥警示作用。

正确示例

隐患示例

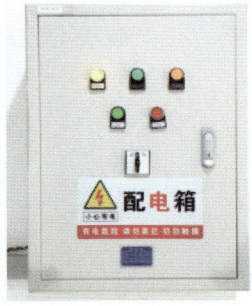
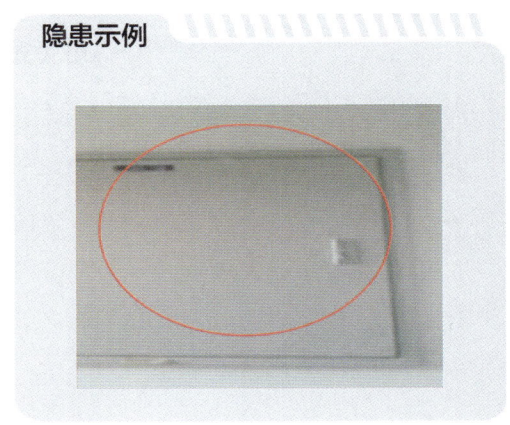

规范标准

◆《中华人民共和国安全生产法》（中华人民共和国主席令第八十八号）第三十五条规定："生产经营单位应当在有较大危险因素的生产经营场所和有关设施、设备上，设置明显的安全警示标志。"（通用）

◆《建设工程施工现场供用电安全规范》（GB 50194—2014）第 12.0.7 条规定："配电箱柜的箱柜门上应设警示标识"。（≤10kV，注意适用行业）

◆《危险化学品安全管理条例》（国务院令第 591 号）第二章第二十条："生产、储存危化品单位，应在作业场所和安全设施、设备上设置明显的安全警示标志。"（危化品）

⚠ 施工现场未设置安全警示标志，无法告知现场存在的安全风险，无法发挥警示作用。

正确示例

隐患示例

规范标准

◆《中华人民共和国安全生产法》（中华人民共和国主席令第八十八号）第三十五条规定："生产经营单位应当在有较大危险因素的生产经营场所和有关设施、设备上，设置明显的安全警示标志。"（通用）

◆《建设工程安全生产管理条例》（国务院令第 393 号）第二十八条规定："施工单位应当在施工现场入口处、施工起重机械、临时用电设施、脚手架、出入通道口、楼梯口、电梯井口、孔洞口、桥梁口、隧道口、基坑边沿、爆破物及有害危险气体和液体存放处等危险部位，设置明显的安全警示标志。安全警示标志必须符合国家标准。"（建设工程）

安全警示标志排序错误。

正确示例

隐患示例

■ 规范标准

◆《安全标志及其使用导则》（GB 2894—2008）第 9.5 条规定："多个标志牌在一起设置时，应按警告、禁止、指令、提示类型的顺序，先左后右、先上后下地排列。"（通用）

◆《企业安全生产标准化基本规范》（GB/T 33000—2016）第 5.4.4 条规定："企业应按照有关规定和工作场所的安全风险特点，在有重大危险源、较大危险因素和严重职业病危害因素的工作场所，设置明显的、符合有关规定要求的安全警示标志和职业病危害警示标识。其中，警示标志的安全色和安全标志应分别符合 GB 2893 和 GB 2894 的规定。"（通用）

◆《水电工程安全标识》（NB/T 11091—2023）第 5.1.1.7 规定："多个基本安全标志在一起设置时，应避免出现标志内容相互矛盾、重复的现象，并应按警告、禁止、指令、提示类型安全标志的顺序，先左后右、先上后下地排列。"

 危险区域未设警示标识，无法告知现场存在的安全风险，无法发挥警示作用。

正确示例

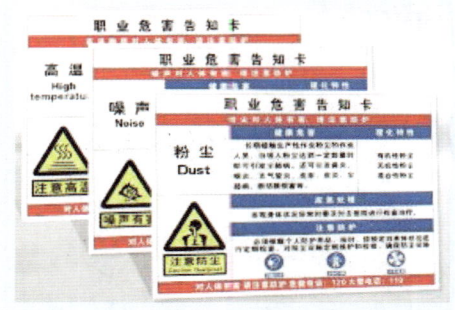

隐患示例

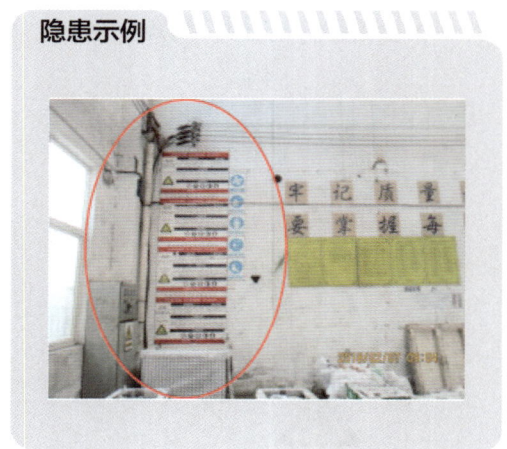

■ **规范标准**

◆《中华人民共和国职业病防治法》（中华人民共和国主席令第二十四号）第二十四条规定："产生职业病危害的用人单位，应当在醒目位置设置公告栏，公布有关职业病防治的规章制度、操作规程、职业病危害事故应急救援措施和工作场所职业病危害因素检测结果。"（通用）

◆《工作场所职业卫生监督管理规定》（原国家安全生产监督管理总局令第47号）第十五条规定："产生职业病危害的用人单位，应当在醒目位置设置公告栏，公布有关职业病防治的规章制度、操作规程、职业病危害事故应急救援措施和工作场所职业病危害因素检测结果。"（通用）

 周知牌缺失，无法告知现场存在的危险有害因素。

正确示例

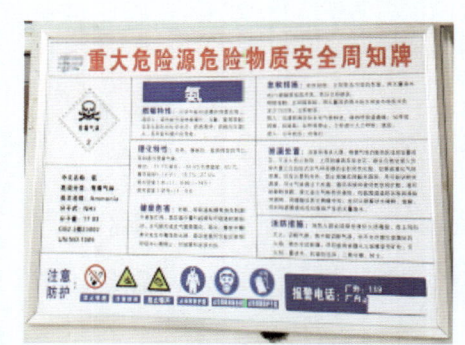

隐患示例

规范标准

◆《工作场所职业卫生监督管理规定》（原国家安全生产监督管理总局令第47号）第十五条规定："产生职业病危害的用人单位，应当在醒目位置设置公告栏，公布有关职业病防治的规章制度、操作规程、职业病危害事故应急救援措施和工作场所职业病危害因素检测结果。"（通用）

◆《危险化学品从业单位安全标准化通用规范》（AQ 3013—2008）第5.6.2.5条规定："企业应在可能产生严重职业危害作业岗位的醒目位置，按照GBZ 158设置职业危害警示标识，同时设置告知牌，告知产生职业危害的种类、后果、预防及应急救治措施、作业场所职业危害因素检测结果等。"（危化品从业单位）

 疏散标识磨损，无法正常发挥疏散指示作用。

正确示例

隐患示例

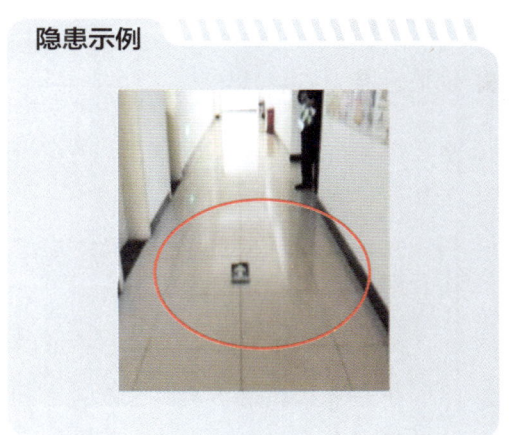

规范标准

◆《机关、团体、企业、事业单位消防安全管理规定》（中华人民共和国公安部令第61号）第二十六条规定："机关、团体、事业单位应当至少每季度进行一次防火检查，其他单位应当至少每月进行一次防火检查。检查的内容应当包括安全疏散通道、疏散指示标志、应急照明和安全出口情况。"（通用）

◆《消防安全责任制实施办法的通知》（国办发〔2017〕87号）第十五条规定："机关、团体、企业、事业等单位应当落实消防安全主体责任，按照相关标准配备消防设施、器材，设置消防安全标志，定期检验维修，对建筑消防设施每年至少进行一次全面检测，确保完好有效。"（通用）

色环与流向标识缺少,无法辨识介质及流向。

正确示例

隐患示例

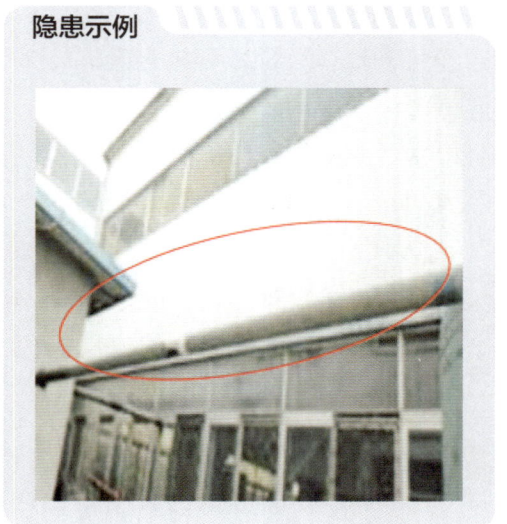

■ 规范标准

◆《工业管道的基本识别色、识别符号和安全标识》(GB 7231—2003)第4.5条规定:"当管道采用4.2中b),c),d),e)基本识别色标识方法时,其标识的场所应该包括所有管道的起点、终点、交叉点、转弯处、阀门和穿墙孔两侧等的管道上和其他需要标识的部位。"(工业管道)

◆《工贸行业企业安全生产标准化建设实施指南》第6.2.16条规定:"不同介质的管线,应按照《工业管道的基本识别色、识别符号和安全标识》(GB 7231)的规定涂上不同的颜色,并注明介质名称和流向。"(工贸行业)

◆《消防给水及消火栓系统技术规范》(GB 50974—2014)第12.3.24条规定:"架空管道外应刷红色油漆或涂红色环圈标志,并应注明管道名称和水流方向标识。"(消防管道)

第 4 章
动火作业

4.1 动火作业前

（**重大隐患**）特种作业人员应持合格有效证件上岗作业，无证、未及时复审或证件过期的不得从事特种作业。

正确示例

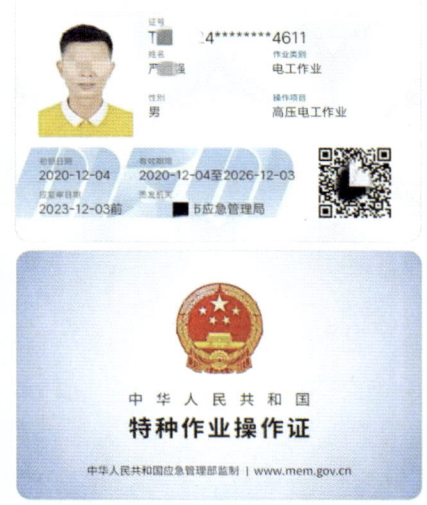

隐患示例

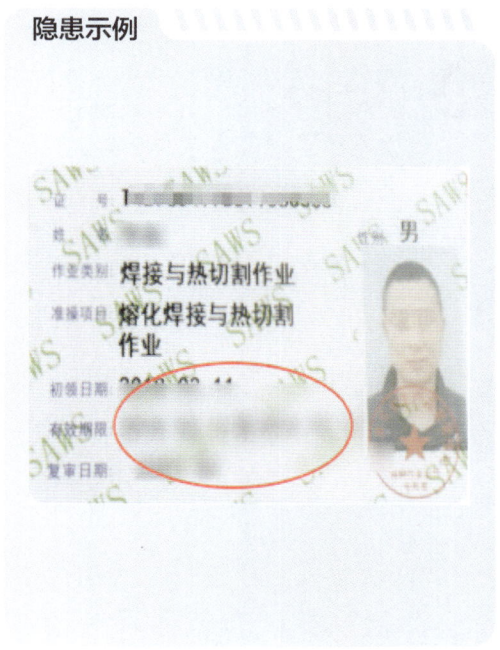

规范标准

◆《中华人民共和国安全生产法》（中华人民共和国主席令第八十八号）第三十条规定："生产经营单位的特种作业人员必须按照国家有关规定经专门的安全作业培训，取得相应资格，方可上岗作业。"

◆《中华人民共和国消防法》（中华人民共和国主席令第八十一号）第二十一条规定："进行电焊、气焊等具有火灾危险作业的人员和自动消防系统的操作人员，必须持证上岗，并遵守消防安全操作规程。"

◆《特种作业人员安全技术培训考核管理规定》（安监局令第80号）第21条规定："特种作业操作证每3年复审1次。特种作业人员在特种作业操作证有效期内，连续从事本工种10年以上，严格遵守有关安全生产法律法规的，经原考核发证机关或者从业所在地考核发证机关同意特种作业操作证的复审时间可以延长至每6年1次。"

◆《企业安全生产标准化基本规范》（GB/T 33000—2016）第5.3.2.2条规定："从事特种作业、特种设备作业的人员应按照有关规定，经专门安全作业培训，考核合格，取得相应资格后，方可上岗作业，并定期接受复审。"

（**重大隐患**）无动火作业证（票）、动火作业证（票）填写不规范或作业环境不满足动火条件，不得进行动火作业。

正确示例

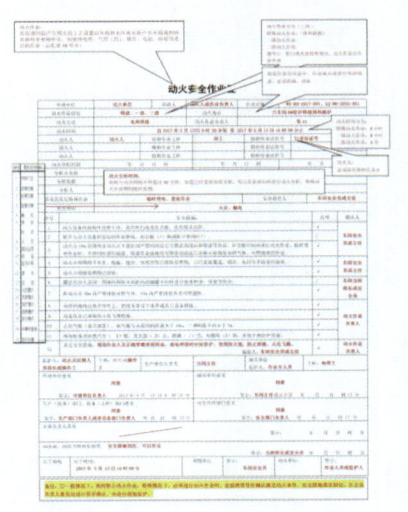

隐患示例

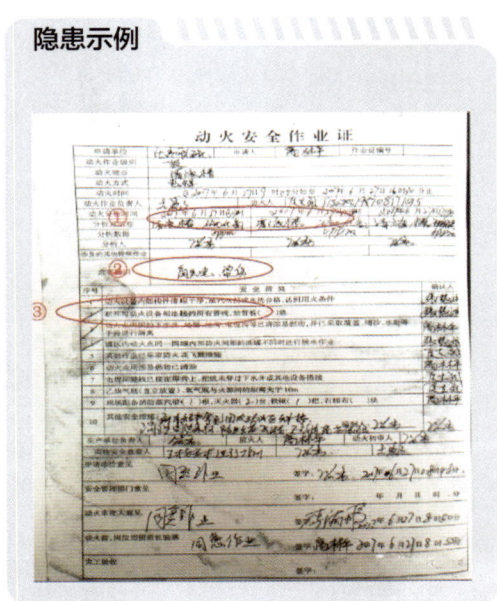

■ **规范标准**

◆《中华人民共和国消防法》（中华人民共和国主席令第八十一号）第二十一条规定："禁止在具有火灾、爆炸危险的场所吸烟、使用明火。因施工等特殊情况需要使用明火作业的，应当按照规定事先办理审批手续，采取相应的消防安全措施；作业人员应当遵守消防安全规定。进行电焊、气焊等具有火灾危险作业的人员和自动消防系统的操作人员，必须持证上岗，并遵守消防安全操作规程。"

◆《建设工程施工现场消防安全技术规范》（GB 50720—2011）第6.3.1条规定："施工现场用火应符合下列要求：动火作业应办理动火许可证；动火许可证的签发人收到动火申请后，应前往现场查验并确认动火作业的防火措施落实后，再签发动火许可证。"

◆《危险化学品企业特殊作业安全规范》（GB 20871—2022）第5.1.1条规定："固定动火区外的动火作业分为特级动火、一级动火和二级动火三个级别；遇节假日、公休日、夜间或其他特殊情况，动火作业应升级管理。"

4.2 动火作业中

（**重大隐患**）未设专人监护或擅离职守，导致无人监管，无法即时处置火灾、触电等意外事件。

正确示例

隐患示例

■ 规范标准

◆《建设工程施工现场消防安全技术规范》（GB 50720—2011）第 6.3.1.6 条规定："焊接、切割烘烤或加热等动火作业应配备灭火器材，并应设置动火监护人进行现场监护，每个动火作业点均应设置 1 个监护人。并不得无故撤离，撤离时应停止作业。"

 接线不规范、线路裸露，存在触电风险。

正确示例

隐患示例

■ 规范标准

◆《焊接与切割安全》(GB 9448—1999)第11.2.4条规定:"弧焊设备外露的带电部分必须设置完好的保护,以防人员或金属物体与之相接触。"

◆《建筑施工安全检查标准》(JGJ 59—2011)第3.19.3.5.6条规定:"电焊机应设置防雨罩,接线柱应设置防护罩。"

◆《建设工程施工现场供用电安全规范》(GB 50194—2014)第9.4.3条规定:"电焊机的裸露导电部分应装设安全保护罩。"

 导电部分无防护罩,存在触电风险。

正确示例

隐患示例

■ 规范标准

◆《焊接与切割安全》(GB 9448—1999)第11.2.4条规定:"弧焊设备外露的带电部分必须设置完好的保护,以防人员或金属物体与之相接触。"

◆《建设工程施工现场供用电安全规范》(GB 50194—2014)第9.4.3条规定:"电焊机的裸露导电部分应装设安全保护罩。"

无可靠接地，存在触电风险。

正确示例

隐患示例

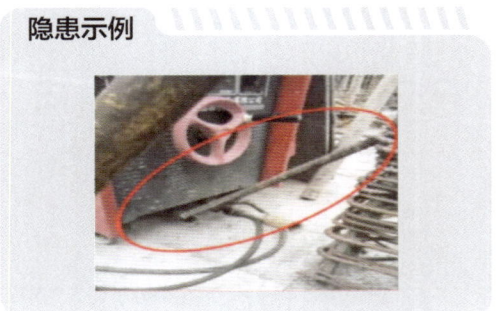

■ 规范标准

◆《建筑机械使用安全技术规程》（JGJ 33—2012）第 12.1.6 条规定："电焊机导线和接地线不得搭在易燃、易爆、带有热源或有油的物品上；不得利用建（构）筑物的金属结构、管道、轨道或其他金属物体，搭接起来，形成焊接回路，并不得将电焊机和工件双重接地；严禁使用氧气、天然气等易燃易爆气体管道作为接地装置。"

◆《建筑与市政工程施工现场临时用电安全技术标准》（JGJ/T 46—2024）第 7.5.4 条规定："电焊机械的二次线应采用防水橡皮护套铜芯软电缆，电缆长度不应大于 30m，不得采用金属构件或主体结构钢筋代替二次线的中性导体。"

◆《建设工程施工现场供用电安全规范》（GB 50194—2014）第 9.4.8 条规定："电焊机的二次线应采用橡皮绝缘橡皮护套铜芯软电缆，电缆长度不宜大于 30m，不得采用金属构件或结构钢筋代替二次线的地线。"

 接地线与焊件之间的距离过大，电流会形成一个环状回路，导致电弧放电，存在触电风险。

正确示例

隐患示例

动火作业 第4章

■ 规范标准

◆《焊接与切割安全》(GB 9448—1999) 第 3.1.2 条规定:"所有的焊接与切割设备必须按制造厂提供的操作说明书或规程使用,并且还必须符合本标准要求。"第 11.4.1 条规定:"构成焊接回路的焊接电缆必须适合于焊接的实际操作条件"。

◆《建筑机械使用安全技术规程》(JGJ 33—2012) 第 12.1.6 条规定:"电焊机导线和接地线不得搭在易燃、易爆、带有热源或有油的物品上;不得利用建(构)筑物的金属结构、管道、轨道或其他金属物体,搭接起来,形成焊接回路,并不得将电焊机和工件双重接地;严禁使用氧气、天然气等易燃易爆气体管道作为接地装置。"

 绝缘良好性被破坏,存在触电风险。

正确示例

隐患示例

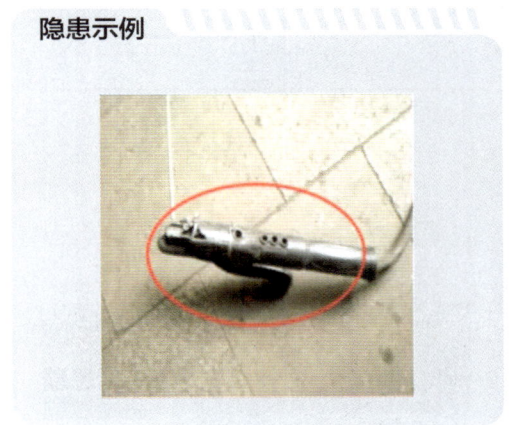

■ 规范标准

◆《焊接与切割安全》(GB 9448—1999) 第 3.2.1 条规定:"管理者必须保证只使用经过认可并检查合格的设备(诸如焊割机具、调节器、调压阀、焊机、焊钳及人员防护装置)。"

◆《建设工程施工现场供用电安全规范》(GB 50194—2014) 第 9.4.5 条规定:"电焊把钳绝缘应良好。"

◆《施工现场机械设备检查技术规范》(JGJ 160—2016) 第 10.1.4 条规定:"电焊钳应有良好的绝缘和隔热性能;电焊钳握柄绝缘应良好,握柄和导线连接应牢靠,接触应良好。"

传统的打火机点燃焊枪，操作不当时很容易造成烧伤和灼伤。

正确示例

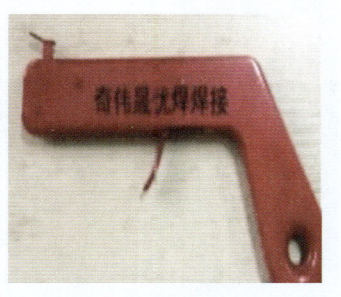

隐患示例

■ 规范标准

◆《焊接与切割安全》（GB 9448—1999）第10.2条规定："点火时应使用摩擦打火机、固定的点火器或其他适宜的火种。"

 接线不规范、绝缘不到位，存在触电风险。

正确示例

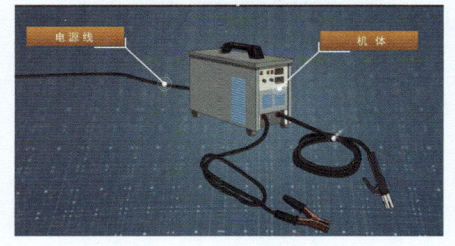

隐患示例

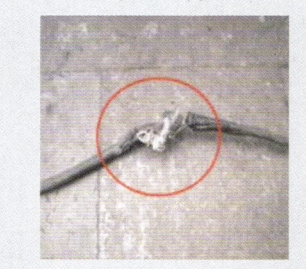

■ 规范标准

◆《焊接与切割安全》（GB 9448—1999）第11.4.3条规定："焊机的电缆应使用整根导线，尽量不带连接接头。需要接长导线时，接头处要连接牢固、绝缘良好。"

◆《电力工程电缆设计标准》（GB 50217—2018）第4.1.7条规定："电缆接头的绝缘特性应符合下列规定：接头的额定电压及其绝缘水平不得低于所连接电缆额定电压及其要求的绝缘水平。"

露天冒雨作业，不仅存在触电风险，还可能导致设备受损。

正确示例	隐患示例

■ 规范标准

◆《焊接与切割安全》（GB 9448—1999）第 11.2.2 条规定："在特殊环境条件下（如：室外的雨雪中；温度、湿度、气压超出正常范围或具有腐蚀、爆炸危险的环境），必须对设备采取特殊的防护措施以保证其正常的工作性能。"

◆《建筑与市政工程施工现场临时用电安全技术标准》（JGJ/T 46—2024）第 7.5.5 条规定：使用电焊机械焊接时，焊工应穿戴防护用品，不得露天冒雨从事电焊作业。

◆《建设工程施工现场供用电安全规范》（GB 50194—2014）第 9.4.1 条规定："电焊机应放置在防雨、干燥和通风良好的地方。"第 9.4.9 条规定："不得冒雨从事电焊作业。"

（重大隐患）作业范围内有易燃物，焊渣掉落易引发火灾。

正确示例	隐患示例

■ 规范标准

◆《建设工程施工现场供用电安全规范》(GB 50194—2014)第 9.4.1 条规定:"焊接现场不得有易燃、易爆物品。"

◆《建筑施工高处作业安全技术规范》(JGJ 80—2016)第 3.0.7 条规定:"高处作业应按现行国家标准 GB 50720 的规定,采取防火措施。"

 带电焊接作业,存在火灾或触电风险。

正确示例

隐患示例

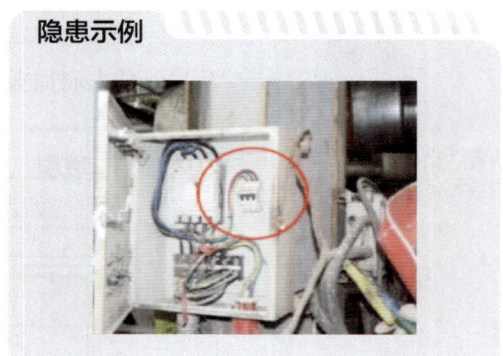

■ 规范标准

◆《建设工程施工现场供用电安全规范》(GB 50194—2014)第 11.2.3 条规定:"在易燃、易爆区域内进行用电设备检修或更换工作时,必须断开电源,严禁带电作业。"

 软管老化、开裂或使用铁丝绑扎,无法确保连接气路的气密性,存在气体泄漏风险。

正确示例

隐患示例

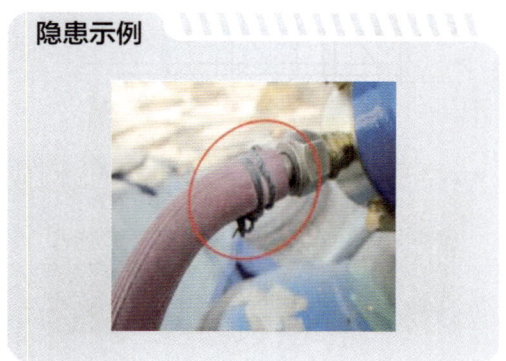

■ 规范标准

◆《焊接与切割安全》(GB 9448—1999)第10.3条规定:"用于焊接与切割输送气体的软管接头则必须满足GB/T 5107的要求。禁止使用泄漏、烧坏、磨损、老化或有其他缺陷的软管。"

◆《建设工程施工现场消防安全技术规范》(GB 50720—2011)第6.3.3.4.1条规定:"使用前应检查气瓶及气瓶附件的完好性,检查连接气路的气密性,并采取避免气体泄漏的措施,严禁使用已老化的橡皮气管。"

⚠ 软管接长增加软管老化和磨损的风险,甚至会引起气体泄漏。

正确示例

隐患示例

■ 规范标准

◆《焊接与切割安全》(GB 9448—1999)第10.3条规定:"用于焊接与切割输送气体的软管,如氧气软管和乙炔软管,其结构、尺寸、工作压力、机械性能、颜色必须符合GB/T 2550,GB/T 2551的要求。软管接头则必须满足GB/T 5107的要求。禁止使用泄漏、烧坏、磨损、老化或有其他缺陷的软管。"

◆《建设工程施工现场消防安全技术规范》(GB 50720—2011)第6.3.3.4.1条规定:"使用前应检查气瓶及气瓶附件的完好性,检查连接气路的气密性,并采取避免气体泄漏的措施,严禁使用已老化的橡皮气管。"

气瓶放置时未固定或卧放，容易导致气瓶倾倒、滚动发生意外。

正确示例

隐患示例

■ 规范标准

◆《气瓶搬运、装卸、储存和使用安全规定》（GB/T 34525—2017）第 7.1.6 条规定："气瓶搬运到目的地后，放置气瓶的地面应平整，放置时气瓶应稳妥可靠，防止倾倒或滚动。"

◆《建设工程施工现场消防安全技术规范》（GB 50720—2011）第 6.3.3.2.1 条规定："气瓶应保持直立状态，并采取防倾倒措施。"

 气瓶变形、脱漆、锈蚀，影响其安全可靠性。

正确示例

隐患示例

■ 规范标准

◆《气瓶安全技术监察规程》(TSGR 0006—2014) 第7.5条规定:"有严重腐蚀、损失或者对其安全可靠性有怀疑的,应当提前进行定期检验。"

◆《气瓶安全技术监察规程》(TSGR 0006—2014) 第1.14.1.2条规定:"气瓶外表面的颜色标志字样和色环,应当符合GB 7144。"

◆《气瓶颜色标志》(GB/T 7144—2016) 规定:"对颜色标志、字样和色环有特殊要求的,应当符合相应气瓶产品标准的规定。"

 使用不合格的面罩,电弧光及紫外线辐射易影响作业人员身体健康。

正确示例

隐患示例

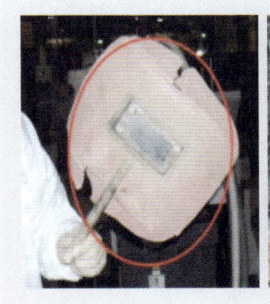 

■ 规范标准

◆《焊接工艺防尘防毒技术规范》(WS 706—2011) 第8.3条规定:"对于短暂电焊、气焊作业场所,应使用手持式焊接面罩或安全帽式电焊面罩。"

◆《建筑施工作业劳动保护用品配备及使用标准》(JGJ 184—2009) 第3.0.3.1条规定:"电焊气割工应配备阻燃防护服,绝缘鞋,鞋盖,电焊手套和焊接防护面罩。"

◆《焊接与切割安全》(GB 9448—1999) 第4.2.1条规定:"作业人员在观察电弧时,必须使用带有滤光镜的头罩或手持面罩,或佩戴安全镜、护目镜或其他合适的眼镜。辅助人员亦应佩戴类似的眼保护装置。"

◆《施工企业安全生产管理规范》(GB 50656—2011) 第3.0.8条规定:"施工企业应依法为从业人员提供合格的劳动保护用品。"

未佩戴劳保用品，易影响作业人员身体健康或造成意外伤害。

正确示例

隐患示例

■ 规范标准

◆《建筑施工人员个人劳动保护用品使用管理暂行规定》（建质 [2007]255 号）第 9 条规定："企业应加强对施工作业人员的教育培训，保证施工作业人员能正确使用劳动保护用品。工程项目部应有教育培训的记录，有培训人员和被培训人员的签名和时间。"

◆《建筑施工易发事故防治安全标准》（JGJ/T 429—2018）第 7.0.8 条规定："在机械使用、维修过程中，操作人员和配合作业人员应正确使用劳动保护用品，长发应束紧不得外露高处作业应系安全带。"

 使用不合格的劳保用品，易影响作业人员身体健康或造成意外伤害。

正确示例

隐患示例

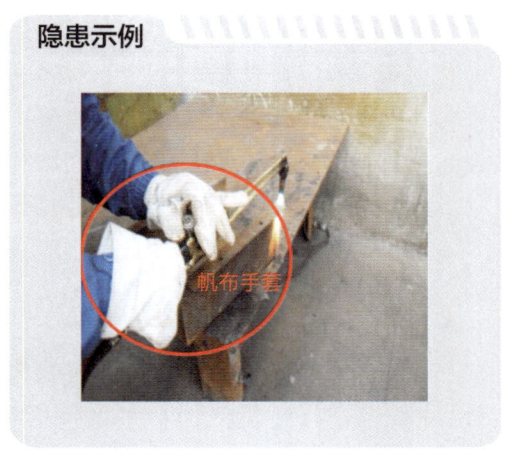

■ 规范标准

◆《建筑施工作业劳动保护用品配备及使用标准》(JGJ 184—2009)第 3.0.3 条规定:"电焊工气割工应配备阻燃防护服、绝缘鞋、鞋盖、电焊手套和焊接防护面罩。"

◆《焊接与切割安全》(GB 9448—1999)第 3.2.1 条规定:"管理者必须保证只使用经过认可并检查合格的设备(诸如焊割机具、调节器、调压阀、焊机、焊钳及人员防护装置)。"

 未规范佩戴劳保用品,易影响作业人员身体健康或造成意外伤害。

正确示例

隐患示例

■ 规范标准

◆《建设工程施工现场供用电安全规范》(GB 50194—2014)第 9.4.9 条规定:"使用电焊机焊接时应穿戴防护用品。"

◆《焊接工艺防尘防毒技术规范》(WS 706—2011)第 8.1 条规定:"焊接作业应按 GB 11651、GB 94484.2、GB/T 3609.1 的要求为接触尘毒作业人员配备符合相关标准要求的个体防护用品。"

 作业人员与氧气瓶、乙炔瓶的安全间距不足,可能会引发火灾、爆炸等危险。

在建项目安全检查标准

正确示例

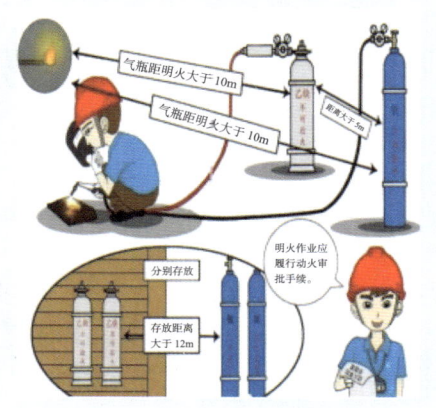

隐患示例

■ 规范标准

◆《建设工程施工现场消防安全技术规范》（GB 50720—2011）第 6.3.3.4.2 条规定："氧气瓶与乙炔瓶的工作间距不应小于 5m。"

◆《石油化工建设工程施工安全技术标准》（GB/T 50484—2019）第 9.3.13 条规定："气瓶的放置地点距明火不应小于 10m。作业场所的氧气瓶与易燃气瓶间距不应小于 5m。"

⚠ 作业人员与易燃气瓶的安全间距不足，可能会引发火灾、爆炸等危险。

正确示例

隐患示例

规范标准

◆《焊接与切割安全》(GB 9448—1999) 第 11.5.7.2 条规定:"焊工必须用干燥的绝缘材料保护自己免除与工件或地面可能产生的电接触。在坐位或俯位工作时,必须采用绝缘方法防止与导电体的大面积接触。"

◆《建筑施工易发事故防治安全标准》(JGJ/T 429—2018) 第 5.7.10 条规定:"安装管道时,应有已完结构或稳固的操作平台为立足点,严禁在未固定无防护的结构构件及安装中的管道上作业或通行。"

 乙炔气瓶必须安装阻火器,且不得露天暴晒,否则容易引起火灾、爆炸。

正确示例

隐患示例

规范标准

◆《焊接与切割安全》(GB 9448—1999) 第 11.2.4 条规定:"弧焊设备外露的带电部分必须设置完好的保护,以防人员或金属物体与之相接触。"

◆《建设工程施工现场供用电安全规范》(GB 50194—2014) 第 9.4.3 条规定:"电焊机的裸露导电部分应装设安全保护罩。"

动火作业过程中必须配备合格有效灭火器,否则可能导致火灾。

正确示例

隐患示例

■ **规范标准**

◆《建筑机械使用安全技术规程》（JGJ 33—2012）第 12.1.1 条规定："焊接（切割）前，应先进行动火审查，确认焊接（切割）现场防火措施符合要求，并应配备相应的消防器材和安全防护用品，落实监护人员后，开具动火证。"

4.3 动火作业后

 施工完毕应检查清理现场，熄灭火种，否则存在火灾隐患。

正确示例

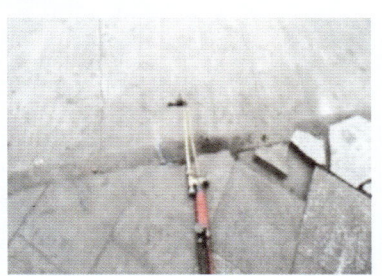

隐患示例

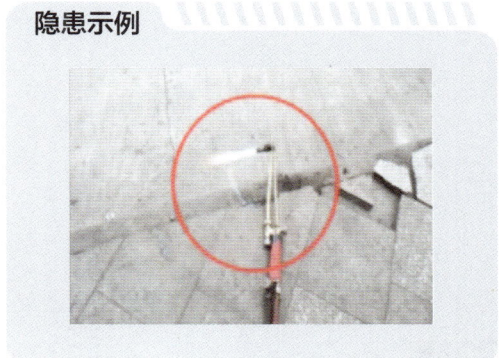

■ 规范标准

◆《焊接与切割安全》（GB 9448—1999）第 10.2 条规定："使用焊炬、割炬时，必须遵守制造商关于焊、割炬点火、调节及熄火的程序规定。"

 气瓶应集中存放，放置区应设置明显安全警示标识，用以区分各类气瓶并提示注意事项，防止误操作。

正确示例

隐患示例

■ 规范标准

◆《消防安全标志设置要求》（GB 15630—1995）第 5.12 条规定："具有甲、乙、丙类火灾危险的仓库的入口处或防火区内设置'禁止烟火''禁止吸烟''禁止放易燃物''禁止带火种'等标志。"

第 5 章
高处作业吊篮

5.1 标牌标志

 吊篮安全锁无检测标牌、无出厂合格标牌,无法证明吊篮安全锁合格、有效。

正确示例

隐患示例

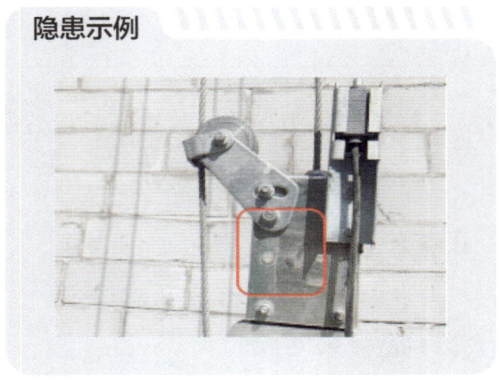

 吊篮提升机无出厂铭牌,无法查证出厂产品信息及提升机技术参数。

正确示例

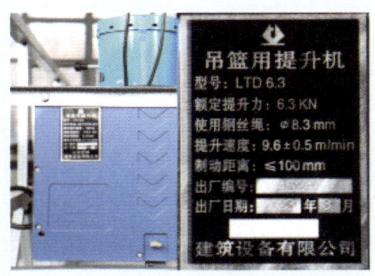

隐患示例

■ 规范标准

◆《建筑施工工具式脚手架安全技术规范》（JGJ 202—2010）第 3.0.10 条规定："高处作业吊篮用的提升机、安全锁应有独立标牌，并应标明产品型号、技术参数、出厂编号、出厂日期、标定期、制造单位。"

（**重大隐患**）未经验收的吊篮可能存在安全隐患，直接投入使用存在较大安全风险。

正确示例

隐患示例

■ 规范标准

◆《建筑施工工具式脚手架安全技术规范》（JGJ 202—2010）第 8.2.1 条规定："高处作业吊篮在使用前必须经过施工、安装、监理等单位的验收，未经验收或验收不合格的吊篮不得使用。"

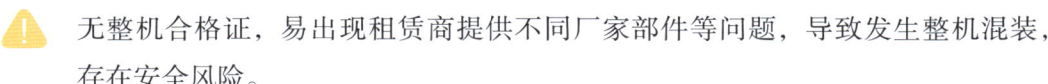 无整机合格证，易出现租赁商提供不同厂家部件等问题，导致发生整机混装，存在安全风险。

正确示例

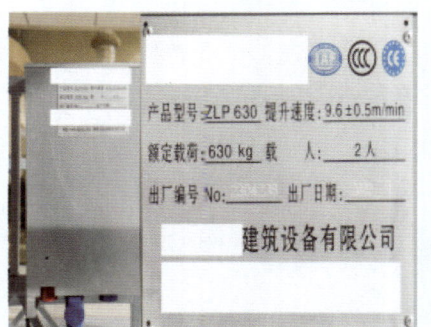

隐患示例

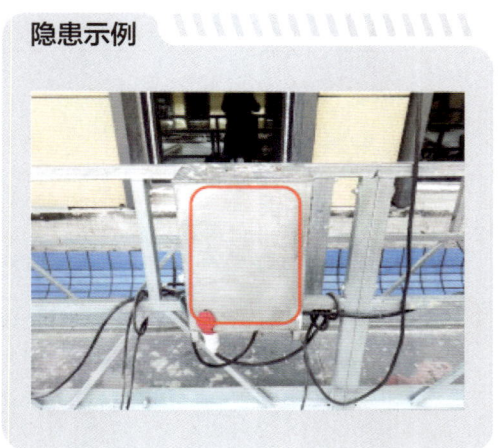

■ 规范标准

◆《建筑施工工具式脚手架安全技术规范》（JGJ 202—2010）第 5.4.3 条规定："高处作业吊篮组装前应确认结构件、紧固件已经配套且完好，其规格型号和质量应符合设计要求。"第 5.4.4 条规定："高处作业吊篮所用的构配件应是同一厂家的产品。"

5.2 结构件

 结构连接螺栓紧固不到位,结构件易受扭矩作用导致解体。

正确示例

隐患示例

■ 规范标准 ■

◆《建筑施工升降设备设施检验标准》(JGJ 305—2013)第 5.2.1 条规定:"结构件应符合下列规定:1.悬挂机构、悬吊平台的钢结构及焊缝应无明显变形、裂纹和严重锈蚀;2.结构件各连接螺栓应齐全、紧固,并应有防松措施;所有连接销轴使用应正确,均应有可靠轴向止动装置。"

 悬挂机构横梁安装的最大水平度差超过允许偏差,受力结构发生变化,易造成横梁塑性变形,导致悬挂装置失稳。

正确示例

隐患示例

规范标准

◆《建筑施工升降设备设施检验标准》(JGJ 305—2013) 第 5.2.5 条规定:"悬挂机构应符合下列规定:3.悬挂机构横梁应水平,其水平度误差不应大于横梁长度的 4%,严禁前低后高。"

⚠ 使用非原厂零部件,受力结构发生变化,易造成结构件发生塑性变形,悬挂机构承载力降低,导致悬挂机构失稳。

正确示例

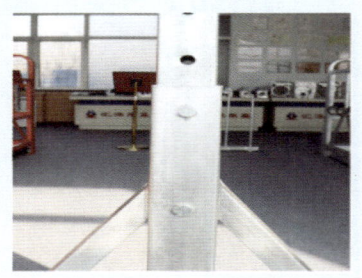

隐患示例

规范标准

◆《建筑施工工具式脚手架安全技术规范》(JGJ 202—2010) 第 5.4.4 条规定:"高处作业吊篮所用的构配件应是同一厂家的产品。"

⚠ 悬挂机构的钢结构及焊缝出现锈蚀,易造成悬挂机构的承载力降低,导致悬挂结构失稳、倾覆。

正确示例

隐患示例

■ 规范标准

◆《建筑施工升降设备设施检验标准》（JGJ 305—2013）第 5.2.1.1 条规定："悬挂机构、悬挂平台的钢结构及焊缝应无明显变形、裂纹和严重锈蚀。"

 悬挂机构前支架未安装，整机稳定性严重不足，易导致悬挂机构倾覆。

正确示例

隐患示例

■ 规范标准

◆《建筑施工工具式脚手架安全技术规范》（JGJ 202—2010）第 5.4.3 条规定："高处作业吊篮组装前应确认结构件、紧固件已配套且完好，其规格型号和质量应符合设计要求。"

 结构件出现明显变形、开裂时，会影响整机稳定性。

正确示例

隐患示例

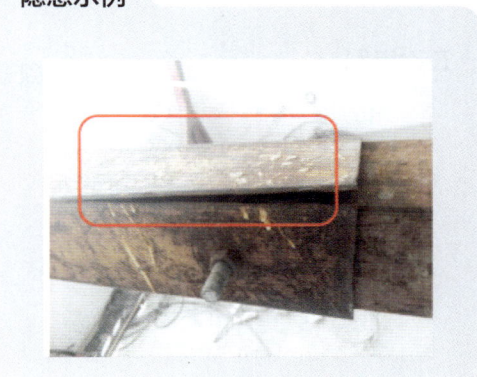

■ **规范标准**

◆《建筑施工升降设备设施检验标准》(JGJ 305—2013)第5.2.1条规定:"结构件应符合下列规定:1.悬挂机构、悬吊平台的钢结构及焊缝应无明显变形、裂纹和严重锈蚀。"

（重大隐患）吊篮悬挂机构各连接螺栓应齐全、紧固,并应有防松措施。螺栓松动或安装数量不足,结构件易受损。

正确示例

隐患示例

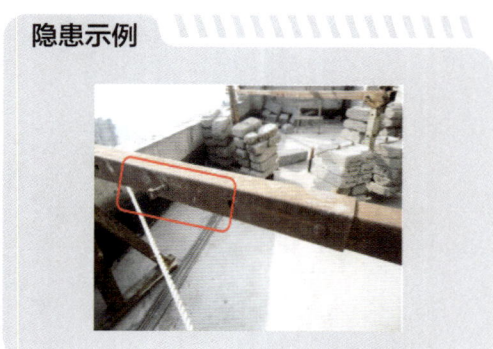

■ **规范标准**

◆《建筑施工升降设备设施检验标准》(JGJ 305—2013)第5.2.1.2条规定:"结构件各连接螺栓应齐全、紧固,并应有防松措施;所有连接销轴使用应正确,均应有可靠轴向制动装置。"

 钢丝绳与悬挂机构的钢结构直接接触,易造成钢丝绳磨损、变形、断丝断股等损伤。

正确示例

隐患示例

■ 规范标准

◆《高处作业吊篮》（GB/T 19155—2017）第 9.1.1 条规定："悬挂机构的所有部件均可重复安装与使用。部件不应有可能引起伤害的尖角、锐边或凸出部分。"

 工作钢丝绳导向轮（防脱槽）缺失，易造成使用过程中悬挂平台倾斜角度发生较大变化，角度过小吊篮无法正常下降，角度过大无法锁住钢丝绳。

正确示例

隐患示例

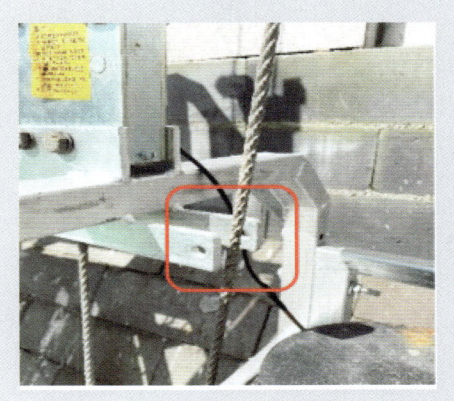

■ 规范标准

◆《高处作业吊篮》（GB/T 19155—2017）第 8.9.1 条规定："应有防止钢丝绳脱离绳槽的措施。"

5.3 悬挂平台

⚠️ 连接螺栓松动，会造成受力不均衡，易发生断裂，导致悬挂平台坠落。

正确示例

隐患示例

■ 规范标准

◆《高处作业吊篮》（GB/T 19155—2017）第 5.1.4 条规定："所有零部件的安装应正确、完整，连接牢固可靠。"

⚠️ 螺栓端面低于螺母平面，易发生松动，螺栓应高出螺母顶平面规定螺距。

正确示例

隐患示例

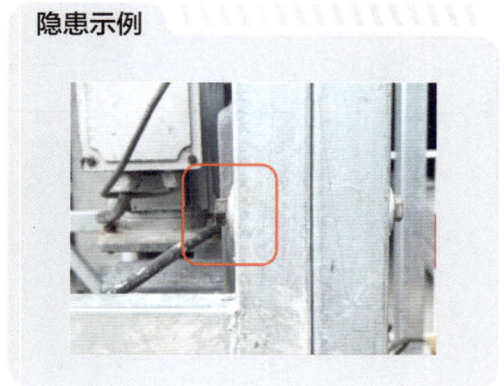

■ 规范标准

◆《高处作业吊篮》（GB/T 19155—2017）第 5.1.4 条规定："所有零部件的安装应正确、完整，连接牢固可靠。"

吊篮提升机与悬挂平台连接螺栓使用非原厂螺栓或螺栓未紧固,易造成提升机与悬挂平台连接结构损坏。

正确示例

隐患示例

■ 规范标准

◆《建筑施工工具式脚手架安全技术规范》(JGJ 202—2010)第5.4.4条规定:"高处作业吊篮所用的构配件应是同一厂家的产品。"

 底板破损,易造成材料掉落,发生物体打击事故;无防滑措施易造成人员滑倒受伤,存在高处坠落风险。

正确示例

隐患示例

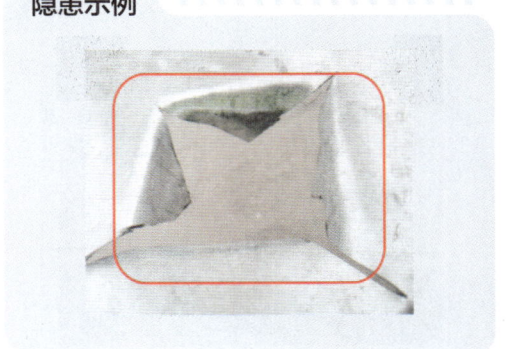

■ 规范标准

◆《高处作业吊篮》(GB/T 19155—2017)第7.1.2条规定:"平台底板应为坚固、防滑表面(如格形板或网纹板),并固定可靠。底板上的任何开孔应设计成能防止直径为15mm的球体通过,并有足够的排水措施。"

悬挂平台底板拼接不平整，存在安全隐患。

正确示例

隐患示例

■ 规范标准

◆《高处作业吊篮》（GB/T 19155—2017）第 7.1.8 条规定："平台上不应有可能引起伤害的锐边、尖角或凸出物。"

 吊篮踢脚板高度不足，易造成材料掉落，发生物体打击事故。

正确示例

隐患示例

■ 规范标准

◆《高处作业吊篮》（GB/T 19155—2017）第 7.1.4 条规定："踢脚板应高于平台底板表面 150mm。"

5.4 钢丝绳、配重

 连接螺栓松动,会造成受力不均衡,易发生断裂,导致悬挂平台坠落。

正确示例

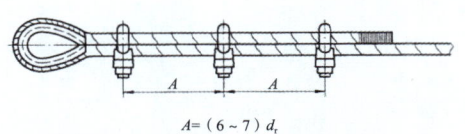

$A=(6\sim 7)d_{\mathrm{r}}$

钢丝绳绳夹使用方法示意图
A—绳夹间距;d_{r}—钢丝绳公称直径

隐患示例

■ 规范标准

◆《建筑施工升降设备设施检验标准》(JGJ 305—2013)第 5.2.3 条规定:"钢丝绳应符合下列规定:3.安全钢丝绳应选用与工作钢丝绳相同的型号、规格,在正常运行时,安全钢丝绳应处于悬垂张紧状态;6.钢丝绳的绳端固结应符合产品说明书的规定。"

 钢丝绳出现弯曲、松股、断股等问题,或钢丝绳锈蚀、附着油污等,会造成钢丝绳承载力降低,影响悬挂平台运行稳定性。

正确示例

隐患示例

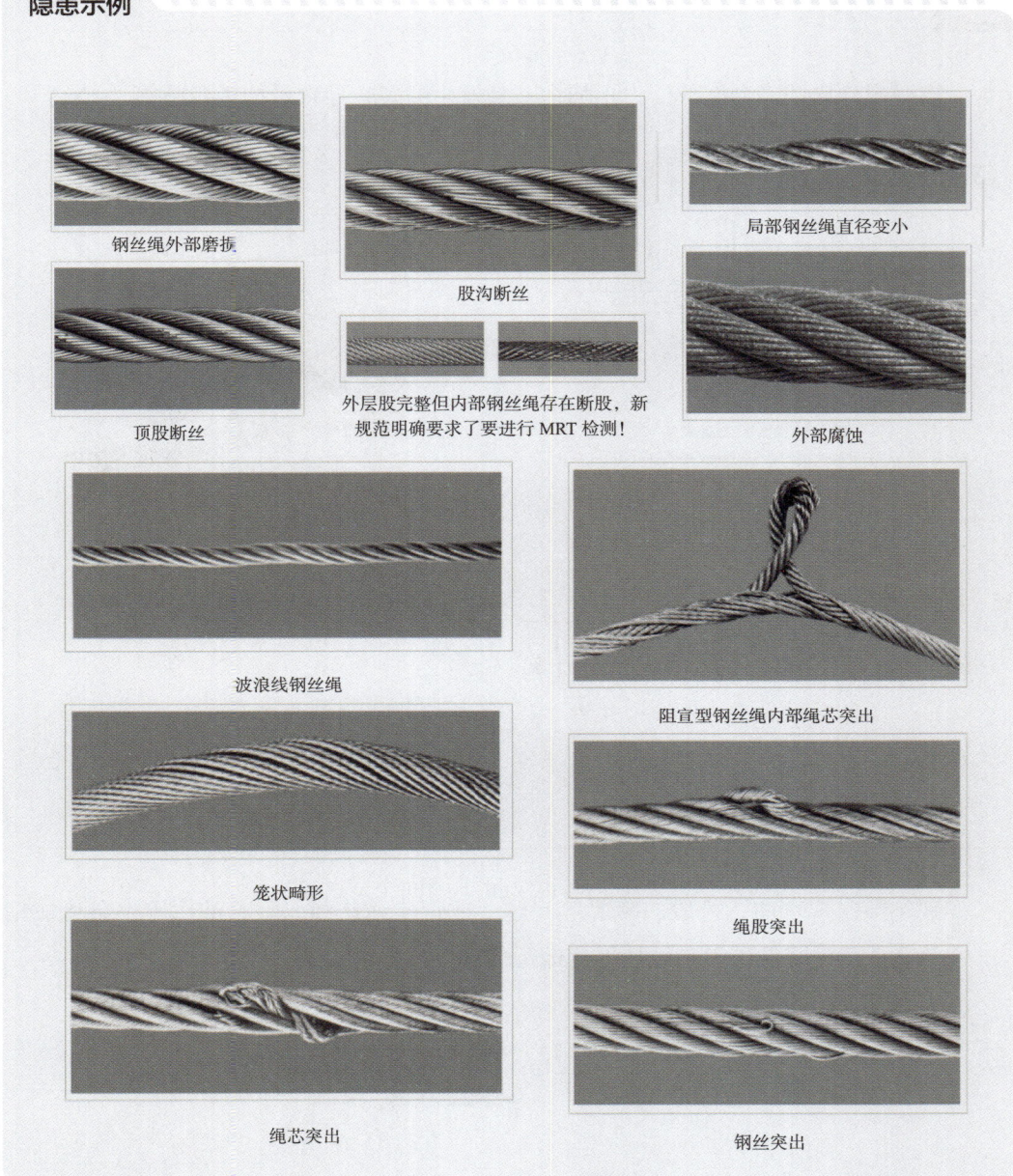

■ **规范标准**

◆《建筑施工升降设备设施检验标准》（JGJ 305—2013）第5.2.3条规定："钢丝绳应符合下列规定：3.安全钢丝绳应选用与工作钢丝绳相同的型号、规格，在正常运行时，安全钢丝绳应处于悬垂张紧状态。"

工作钢丝绳与安全钢丝绳安装在悬挂机构横梁前端同一悬挂点上，导致安全钢丝绳的安全保险作用失效。

正确示例

隐患示例

■ 规范标准

◆《建筑施工升降设备设施检验标准》（JGJ 305—2013）第 5.2.3 条规定："钢丝绳应符合下列规定：4.安全钢丝绳、工作钢丝绳应分别独立悬挂，并不得松散、打结，且应符合现行国家标准《起重机钢丝绳保养、维护、安装、检验和报废》（GB/T 5972）的规定。"

 配重块数量不足，影响吊篮安全性；配重块设置防移动措施可避免人员随意挪动。

正确示例

隐患示例

规范标准

◆《建筑施工工具式脚手架安全技术规范》(JGJ 202—2010)第 5.4.10 条规定:"配重件应稳定可靠地安放在配重架上,并应有防止随意移动的措施。"

⚠ 安全钢丝绳重锤未悬空,易造成安全钢丝绳随悬挂平台上升发生卷曲,在悬挂平台意外下坠时增大安全锁锁绳距离。

正确示例

隐患示例

规范标准

◆《建筑施工升降设备设施检验标准》(JGJ 305—2013)第 5.2.3 条规定:"钢丝绳应符合下列规定:5.安全钢丝绳的下端必须安装重砣,重砣底部至地面高度宜为 100mm～200mm,且应处于自由状态。"

5.5 安全装置

（**重大隐患**）吊篮上行程限位损坏无法正常有效工作，造成吊篮上升至极限位置无法断电停止，会导致悬挂平台冲顶。

正确示例　　　　　　　　　　　　　　隐患示例

 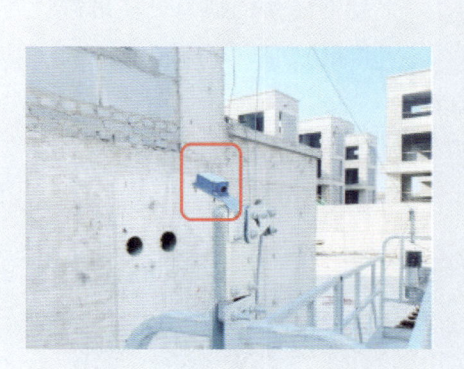

■ 规范标准

◆《建筑施工安全检查标准》（JGJ 59—2011）第 3.10.3.2 条规定："4）高处作业吊篮保证项目的检查评定应符合下列规定：吊篮应安装上限位装置，并应保证限位装置灵敏可靠。"

（**重大隐患**）若限位挡板设置在工作钢丝绳上，限位开关无法触发，会导致悬挂平台冲顶。

正确示例　　　　　　　　　　　　　　隐患示例

■ 规范标准

◆《高处作业吊篮》（GB/T 19155—2017）第 8.3.10.3 条规定："应安装终端起升极限限位开关并正确定位。平台在到达工作钢丝绳极限位置之前完全停止。在其触发后，除非合格人员采取纠正操作，平台不能上升与下降。"

⚠ 手动下降手柄缺失，在吊篮意外断电或出现其他突发状况时，无法通过手动装置将吊篮下降至地面。

正确示例

隐患示例

■ 规范标准

◆《高处作业吊篮》（GB/T 19155—2017）第 8.3.4.1 条规定："所有起升机构应有手动下降装置，在平台动力源失效时使其在合理时间内可控下降。"

⚠ 吊篮过度倾斜会导致人员高处坠落。

正确示例

隐患示例

规范标准

◆《高处作业吊篮》(GB/T 19155—2017)第 8.3.8.1 条规定:"装有 2 台或多台独立的起升机构应安装自动防倾斜装置,当平台纵向倾斜角度大于 14° 时,应能自动停止平台的升降运动。"

 电器控制箱应设置非自动复位式、能切断总电源的急停开关;按钮、开关等操作元件标识不清,易造成误操作。

正确示例

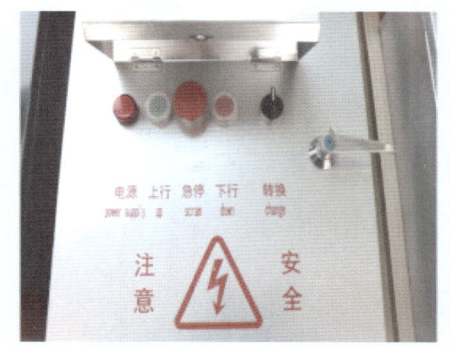

隐患示例

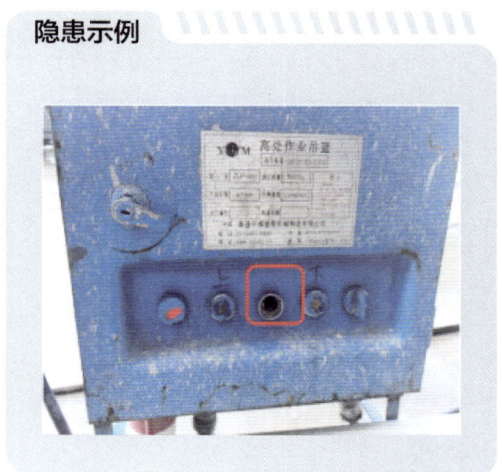

规范标准

◆《高处作业吊篮》(GB/T 19155—2017)第 11.1.1 条规定:"吊篮控制箱上的按钮、开关等操作元件应坚固可靠,按钮或开关装置应为自动复位式,控制按钮的最小直径为 10mm。控制箱上除操作元件外,还应设置一个切断总电源的开关,此开关应为非自动复位式。"

第 11.1.2 条规定:"操作的动作与方向应以文字或符号清晰表示在控制箱上或其附近面板上。"第 11.1.3 条规定:"在平台上各动作的控制应按逻辑顺序排列。"

 主供电缆线及安全大绳在尖角过渡处保护措施不到位,易造成其磨损、断裂,影响吊篮的安全使用。

正确示例	隐患示例
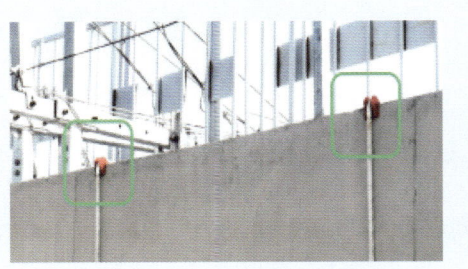	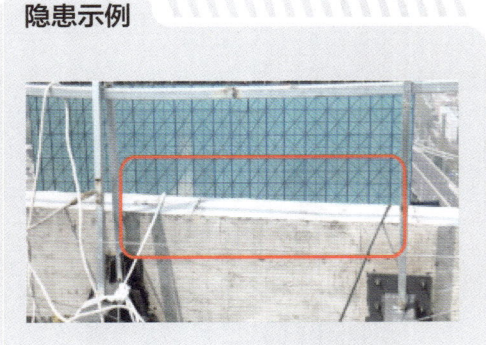

■ 规范标准

◆《高处作业吊篮》（GB/T 19155—2017）第 10.5 条规定："电缆保护应采取防止随行电缆碰撞建筑物的措施；电缆应设保险钩以防止电缆过度张力引起电缆、插头、插座的损坏。"

 吊篮悬空时，施工人员冒险攀爬，易导致高处坠落事故。

正确示例	隐患示例

■ 规范标准

◆《建筑施工工具式脚手架安全技术规范》（JGJ 202—2010）第 5.5.9 条规定："吊篮正常工作时，人员应从地面进入吊篮内，不得从建筑物顶部、窗口等处或其他孔洞处出入吊篮。"

作业人员未正确佩戴使用安全带或未将安全带锁扣正确挂置在独立设置的安全大绳上,易导致高处坠落事故。

正确示例

隐患示例

■ 规范标准

◆《建筑施工工具式脚手架安全技术规范》(JGJ 202—2010)第 5.5.10 条规定:"在吊篮内的作业人员应佩戴安全帽,系安全带,并应将安全锁扣正确挂置在独立设置的安全大绳上。"

 吊篮安全绳出现松散、断股等情况,造成其强度降低,可能导致在使用时发生断裂。

正确示例

隐患示例

■ 规范标准

◆《建筑施工工具式脚手架安全技术规范》（JGJ 202—2010）第 5.5.1 条规定："高处作业吊篮立设置作业人员专用的挂设安全带的安全绳及安全锁扣。安全绳应固定在建筑物可靠位置上不得与吊篮上任何部位有连接，并应符合下列规定：安全绳不得有松散、断股、打结现象。"

⚠ 在花架梁等位置的吊篮安拆、移位、巡检作业，没有牢固的立足点，易导致高处坠落事故。

正确示例

隐患示例

■ 规范标准

◆《建筑与市政施工现场安全卫生与职业健康通用规范》（GB 55034—2022）第 3.2.1 条规定："在坠落高度基准面上方 2m 及以上进行高空或高处作业时，应设置安全防护设施并采取防滑措施，高处作业人员应正确佩戴安全帽、安全带等劳动防护用品。"

⚠ 吊篮使用前未进行提升、下降测试及其他检查，无法保障吊篮安全性。

正确示例	隐患示例

■ 规范标准

◆《高处作业吊篮》（GB/T 19155—2017）第 15.2.7 条规定："吊篮使用操作信息。使用操作应包括下列内容：q）日常检查信息。每天使用前进行下列检查：操作者应检查操作装置、制动器、防坠落装置和急停装置等功能是否正常；应对所有动力线路、限位开关、平台结构和钢丝绳的情况进行检查等。"

 将吊篮当做垂直运输工具或超载作业，易导致吊篮倾覆。

正确示例	隐患示例

■ 规范标准

◆《建筑施工工具式脚手架安全技术规范》（JGJ 202—2010）第 5.5.7 条规定："不得将吊篮作为垂直运输设备，不得采用吊篮运输物料。"
第 5.5.11 条规定："吊篮平台内应保持荷载均衡，严禁超载运行。"

第 6 章 基坑工程

6.1 基坑支护

⚠️ 基槽开挖未按施工方案支护，易发生边坡滑坡，造成坍塌。

正确示例

隐患示例

■ 规范标准

◆《建筑施工土石方工程安全技术规范》（JGJ 180—2009）第 6.3.4 条规定："对人工开挖的狭窄基槽或坑井，开挖深度较大并存在边坡塌方危险时，应采取支护措施。"

◆《建筑施工易发事故防治安全标准》（JGJ/T 429—2018）第 4.2.4 条规定："采取支护措施的基坑，应按设计规定的支护方式及时进行支护。支护结构施工前应进行试验性施工，并应将试验结果反馈设计单位，及时调整设计方案、施工方法。"

未按设计边坡坡率进行施工,易发生边坡滑坡,导致坍塌。

正确示例

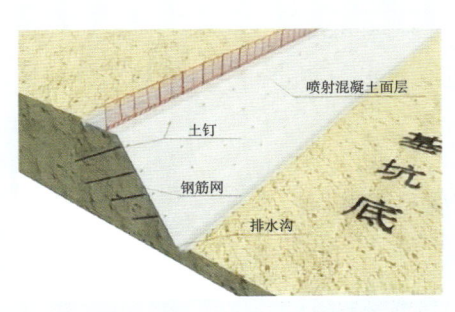

隐患示例

■ **规范标准**

◆《建筑施工易发事故防治安全标准》(JGJ/T 429—2018)第4.2.3条规定:"自然放坡的基坑,其坡率应符合设计要求和现行行业标准《建筑施工土石方工程安全技术规范》(JGJ 180)的规定。"

 排桩、双排桩桩间挂网喷混凝土不及时,桩间土掉落、涌水涌沙对作业人员造成伤害。

正确示例

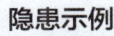 **隐患示例**

■ 规范标准

◆《建筑深基坑工程施工安全技术规范》（JGJ 311—2013）第 6.5.7 条规定："基坑土方开挖过程中，宜采用喷射混凝土等方法对灌注排桩的桩间土体进行加固，防止土体掉落对人员、机具造成损害。"

⚠ 地下连续墙接缝渗漏水处理不及时，易造成涌水、涌沙，引起地连墙外侧地面塌陷、周边建（构）筑物或地下管线损坏。

正确示例

隐患示例

■ 规范标准

◆《地下防水工程质量验收规范》（GB 50208—2011）第 6.2.6 条规定："地下连续墙如有裂缝、孔洞、露筋等缺陷，应采用聚合物水泥砂浆修补；地下连续墙槽段接缝如有渗漏，应采用引排或注浆封堵。"

⚠ 土钉墙、复合土钉墙中土钉与钢筋网的连接不佳、泄水孔堵塞，土钉墙受力削弱，整体不稳存在坍塌风险。

正确示例

隐患示例

■ 规范标准

◆《地下防水工程质量验收规范》(GB 50208—2011)第 6.1.3 条规定："土方开挖应与土钉、锚杆及降水施工密切结合，开挖顺序、方法应与设计工况相一致；复合土钉墙施工必须符合（超前支护，分层分段，逐层施作，限时封闭，严禁超挖）的要求。"

 钢支撑架设不及时、支撑间距大，支撑、围檩与钢板桩连接不当，支护结构体系受力薄弱，整体不稳定，存在坍塌风险。

正确示例

隐患示例

规范标准

◆《建筑施工易发事故防治安全标准》(JGJ/T 429—2018)第4.2.4条规定:"基坑施工应按设计规定的顺序和参数进行开挖和支护,并应分层、分段、限时、均衡开挖。"

◆《给水排水管道工程施工及验收规范》(GB 50268—2008)第4.3.9条规定:"采用钢板桩支撑,应符合下列规定:1.构件的规格尺寸经计算确定;2.通过计算确定钢板桩的入土深度和横撑的位置与断面;3.采用型钢作横梁时,横梁与钢板桩之间的缝应采用木板垫实,横梁、横撑与钢板桩连接牢固。"

◆《建筑地基基础工程施工质量验收标准》(GB 50202—2018)第7.10.3条规定:"施工结束后,对应的下层土方开挖前应对水平支撑的尺寸、位置、标高、支撑与围护结构的连接节点、钢支撑的连接节点和钢立柱的施工质量进行检验。"

 钢筋混凝土内支撑与立柱连接混凝土浇筑质量差、立柱保护不当或支撑体系整体性差,使得支撑与立柱连接处容易局部失稳,存在坍塌风险。

正确示例

隐患示例

规范标准

◆《建筑地基基础工程施工规范》(GB 51004—2015)第6.9.3条规定:"混凝土支撑施工应符合下列规定:1.冠梁施工前应清除围护墙体顶部泛浆;2.支撑底模应具有一定的强度、刚度和稳定性,宜用模板隔离,采用土底模挖土时应清除吸附在支撑底部的砂浆块体;3.冠梁、腰梁与支撑宜整体浇筑,超长支撑杆件宜分段浇筑养护;4.顶层支承端应与冠梁或腰梁连接牢固;5.混凝土支撑应达到设计要求的强度后方可进行支撑下土方开挖。"

第6.9.6条规定:"立柱施工应符合下列规定:1.立柱的制作、运输、堆放应控制平直度;2.立柱应控制定位、垂直度和转向偏差;3.立柱桩采用钻孔灌注桩时,宜先安装立柱,再浇筑桩身混凝土;4.基坑开挖前,立柱周边的桩孔应均匀回填密实。"

6.2 降排水

 基坑泡水严重,基坑内侧周边土体泡水软化,可能造成支护结构的嵌固深度不足,基坑存在踢脚、倾覆风险。

正确示例

隐患示例

■ 规范标准

◆《建筑施工土石方工程安全技术规范》(JGJ 180—2009)第 6.1.3 条规定:"基坑开挖深度范围内有地下水时,应采取有效的地下水控制措施。"

 基坑顶未设置排水沟,场地排水系统不通畅,地面的积水流入基坑,造成坑内土体泡水软化,可能造成支护结构的嵌固深度不足,基坑存在踢脚、倾覆风险。

正确示例

隐患示例

■ 规范标准

◆《建筑地基基础工程施工规范》（GB 51004—2015）第 7.2.1 条规定："应在基坑外侧设置由集水井和排水沟组成的地表排水系统，集水井、排水沟与坑边的距离不宜小于 0.5m。基坑外侧地面集水井、排水沟应有可靠的防渗措施。"

⚠ 坡顶未设截水沟，坡脚或坑底未设排水沟，坑底排除积水不及时，坡面被水冲刷，坡体受水侵蚀，坡脚被水浸泡，存在坡体塌落、坡脚失稳坍塌的风险。

正确示例

隐患示例

■ 规范标准

◆《建筑施工易发事故防治安全标准》（JGJ/T 429—2018）第 4.3.6 条规定："边坡坡顶应采取截、排水措施，未支护的坡面应采取防雨水冲刷措施。"

◆《建筑边坡工程技术规范》（GB 50330—2013）第 14.3.3 条规定："边坡排水系统的设置应符合下列规定：1. 边坡坡顶、坡面、坡脚和水平台阶应设排水沟，并作好坡脚防护；在坡顶外围应设截水沟；2. 当边坡表层有积水湿地、地下水渗出或地下水露头时，应根据实际情况设置外倾排水孔、排水盲沟和排水钻孔。"

◆《土方与爆破工程施工及验收规范》（GB 50201—2012）第 4.3.4 条规定："边坡及基坑支护施工应符合下列规定：1. 做好边坡及基坑四周的防、排水处理；2. 严格按设计要求分层分段进行土方开挖；3. 坡肩荷载应满足设计要求，不得随意堆载；4. 施工过程中，应进行边坡及基坑的变形监测。"

6.3 基坑开挖

（**重大隐患**）支护结构强度未达设计要求，提前开挖基坑土方，支护结构开裂，甚至基坑坍塌。

正确示例

隐患示例

■ **规范标准**

◆《建筑施工土石方工程安全技术规范》(JGJ 180—2009) 第6.3.2条规定："基坑支护结构必须在达到设计要求的强度后，方可开挖下层土方。严禁提前开挖和超挖。"

◆《建筑施工易发事故防治安全标准》(JGJ/T 429—2018) 第4.2.6条规定："基坑支护结构应在混凝土达到设计要求的强度，并在锚杆（索）、钢支撑按设计要求施加预应力后，方可开挖下层土方，严禁提前开挖和超挖。"

⚠ 未按设计和施工方案的要求分层、分段开挖，开挖面坡率过大或开挖不均衡，土体局部失稳造成坍塌。

正确示例

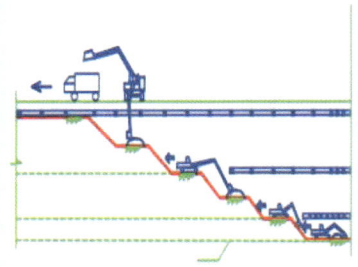

隐患示例

■ 规范标准

◆《建筑施工易发事故防治安全标准》（JGJ/T 429—2018）第 4.2.2 条规定："基坑施工应按设计规定的顺序和参数进行开挖和支护，并应分层、分段、限时、均衡开挖。"

⚠ 未按施工图要求及时架设支撑梁，支撑体系不完整，导致支护结构变形大，甚至失稳。

正确示例

隐患示例

■ 规范标准

◆《建筑地基基础工程施工规范》（GB 51004—2015）第 6.1.2 条规定："基坑支护结构施工以及降水、开挖的工况和工序应符合设计要求。"

◆《建筑施工易发生事故防治安全标准》（JGJ/T 429—2018）第 4.2.9 条规定："基坑支护采用内支撑时，应按先撑后挖、先托后拆的顺序施工。"

6.4 坑边载荷

 坑边荷载超过设计允许要求，基坑水平变形过大，甚至坍塌。

正确示例

隐患示例

■ 规范标准

◆《建筑深基坑工程施工安全技术规范》（JGJ 311—2013）第 11.2.2 条规定："基坑周边使用荷载不应超过设计限值。"

◆《建筑地基与基础验收规范》（GB 50202—2018）规定："在基坑（槽）、管沟等周边堆土的堆载限值和堆载范围应符合基坑围护设计要求，严禁在基坑（槽）、管沟、地铁及建构（筑）物周边影响范围内堆土。"

 施工机械在坑边作业时安全距离不足，基坑变形过大，甚至坍塌或设备倾覆。

正确示例

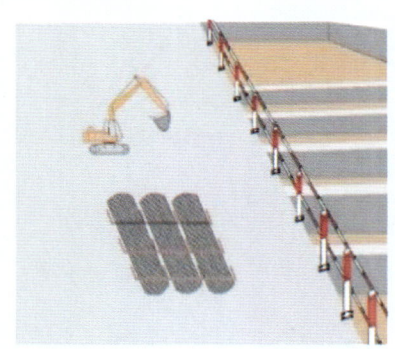

隐患示例

规范标准

◆《建筑地基基础工程施工规范》(GB 51004—2015) 第9.4.6 条规定:"重型机械在坡顶边缘作业宜设置专门平台,土方运输车辆应在设计安全防护距离以外行驶,应限制坡顶周围有振动荷载作用。"

◆《建筑深基坑工程施工安全技术规范》(JGJ 311—2013) 第11.2.2 条规定:"基坑周边使用荷载不应超过设计限值。"

6.5 安全防护

 基坑周边未按规范要求设置防护栏杆或栏杆设置不符合规范要求,存在人员坠落风险。

正确示例

隐患示例

■ 规范标准

◆《建筑深基坑工程施工安全技术规范》(JGJ 311—2013)第 11.2.1 条规定:"基坑工程应按设计要求进行地面硬化,并在周边设置防水围挡和防护栏杆。对膨胀性土及冻土的坡面和坡顶 3m 以内应采取防水及防冻措施。"

◆《建筑施工易发生事故防治安全标准》(JGJ/T 429—2018)第 5.2.1 条规定:"开挖深度超过 2m 的基坑,周边应安装防护栏杆。"

◆《建筑防护栏杆技术标准》(JGJ/T 470—2019)第 4.1.2 条规定:"建筑防护栏杆应满足承载力、刚度、稳定性的要求。"

◆《中华人民共和国安全生产法》(中华人民共和国主席令第八十八号)第三十五条规定:"生产经营单位应当在有较大危险因素的生产经营场所和有关设施、设备上,设置明显的安全警示标志。"

 未设置施工人员上下基坑的专用楼梯或梯道设置不规范,存在人员坠落风险。

正确示例

隐患示例

■ **规范标准**

◆《建筑深基坑工程施工安全技术规范》（JGJ 311—2013）第 11.2.6 条规定："基坑内应设置作业人员上下坡道或爬梯，数量不应少于 2 个。作业位置的安全通道应畅通。"

◆《建筑施工易发生事故防治安全标准》（JGJ/T 429—2018）第 5.2.2 条规定："作业人员严禁沿坑壁、支撑或乘坐运土工具上下基坑，应设置专用斜道、梯道、扶梯、入坑踏步等攀登设施，并应符合下列规定：1. 当设置专用梯道时，梯道应设扶手栏杆，梯道的宽度不应小于 1m；2. 梯道的搭设及使用应符合本标准 5.1.7 条的规定；3. 当采用坡道代替梯道时，应加设间距不大于 400mm 的防滑条等防滑措施。"

 降水井未防护或防护不到位，存在人员坠落风险。

正确示例

隐患示例

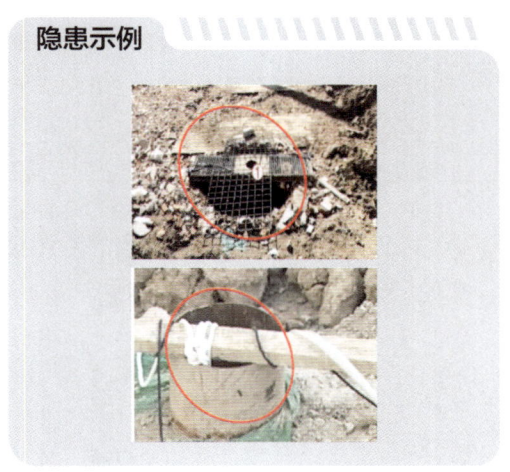

规范标准

◆《建筑施工易发事故防治安全标准》(JGJ/T 429—2018)第 5.2.3 条规定:"降水井、开挖孔洞等部位应按本标准第 5.1.2 条规定设置防护盖板或防护栏杆,并应设置明显的警示标志。"

 作业人员在无防护的支撑梁上行走,存在人员坠落风险。

正确示例

隐患示例

规范标准

◆《建筑施工高处作业安全技术规范》(JGJ 80—2016)第 5.2.3 条规定:"严禁在未固定、无防护设施的构件及管道上进行作业或通行。"

◆《建筑施工易发事故防治安全标准》(JGJ/T 429—2018)第 5.2.4 条规定:"当基坑施工设置栈桥、作业平台时,应设置临边防护栏杆。"

6.6 基坑监测

（**重大隐患**）未按要求进行基坑工程监测，支护结构变形大，造成基坑顶地面塌陷导致基坑坍塌。

正确示例

隐患示例

■ 规范标准

◆《建筑基坑工程监测技术标准》（GB 50497—2019）第 3.0.1 条规定："下列基坑应实施基坑工程监测：1.基坑设计安全等级为一、二级的基坑。2.开挖深度大于或等于 5m 的下列基坑：1）土质基坑；2）极软岩基坑、破碎的软岩基坑、极破碎的岩体基坑；3）上部为土体，下部为极软岩、破碎的软岩、极破碎的岩体构成的土岩组合基坑。3.开挖深度小于 5m 但现场地质情况和周围环境较复杂的基坑。"

◆《建筑施工易发事故防治安全标准》（JGJ/T 429—2018）第 5.2.4 条规定："当基坑施工设置栈桥、作业平台时，应设置明显的警示标志。"

◆《建筑基坑工程监测技术规范》（GB 50497—2019）的规定实施监测，并应定期对基坑及周边环境进行巡视，发现异常情况应及时采取措施。"

◆《建筑深基坑工程施工安全技术规范》（JGJ 311—2013）第 11.2.8 条规定："当基坑周边地面产生裂缝时，应采取灌浆措施封闭裂缝。对于膨胀土基坑工程，应分析裂缝产生原因，及时反馈设计处理。"

（重大隐患） 支护结构水平位移超过变形值未及时处理，支护结构变形过大，或支护桩（墙）、内支撑发生压屈，局部失稳，甚至出现基坑整体倾斜，发生坍塌事故。

正确示例

隐患示例

■ **规范标准**

◆《建筑边坡工程技术规范》（GB 50330—2013）第 19.1.7 条规定："边坡工程施工过程中及监测期间遇到下列情况时应及时报警，并采取相应的应急措施。"

◆《建筑深基坑工程施工安全技术规范》（JGJ 311—2013）第 10.1.7 条规定："施工过程中，应根据第三方专业监测和施工监测结果，及时分析评估基坑的安全状况，对可能危及基坑安全的质量问题，应采取补救措施。"

6.7 支撑拆除

 支撑拆除上下交叉作业防护措施不到位，存在物体打击、高空坠落风险。

正确示例

隐患示例

规范标准

◆《建筑工程绿色施工规范》（GB/T 50905—2014）第 11.1.1 条规定："人工拆除前应制定安全防护和降尘措施。"

◆《建筑施工易发事故防治安全标准》（JGJ/T 429—2018）第 5.2.5 条规定："支撑拆除施工时，应设置安全可靠的防护措施和作业空间，严禁非操作人员入内。"

◆《建筑施工高处作业安全技术规范》（JGJ 80—2016）第 7.1.2 条规定："交叉作业时，坠落半径内应设置安全防护棚或安全防护网等安全隔离措施。当尚未设置安全隔离措施时，应设置警戒隔离区，人员严禁进入隔离区。"

6.8 作业环境

 基坑内土方机械、施工人员的安全距离不符合规范要求,存在机械伤害风险。

正确示例

隐患示例

■ 规范标准

◆《建筑施工易发事故防治安全标准》(JGJ/T 429—2018)第 7.0.13 条规定:"土石方机械作业时,应符合下列规定:1.施工现场应设置警戒区域,悬挂警示标志,非工作人员不得入内;2.机械回转作业时,配合人员应在机械回转半径以外工作,当需在安全距离以内工作时,应将机械停止并制动。"

(**重大隐患**)在各种管线范围内挖土作业未设专人监护、未有管线保护措施,管线沉降位移大,造成管线损坏,对结构施工和周边环境造成影响。

正确示例

隐患示例

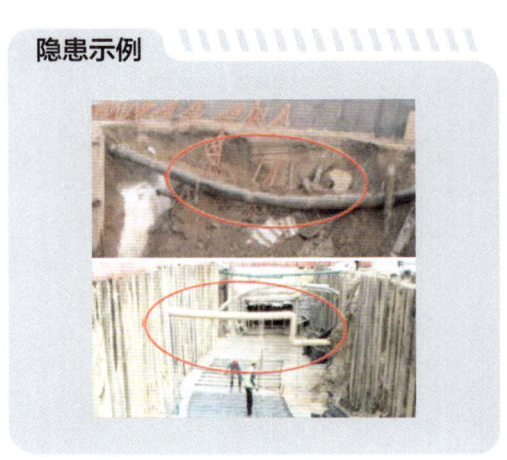

规范标准

◆《建筑地基基础工程施工规范》(GB 51004—2015) 第 10.0.14 条规定:"施工前应制定保护建筑物、地下管线安全的技术措施,并应标出施工区域内外的建筑物、地下管线的分布示意图。"

◆《建筑基坑工程监测技术标准》(GB 50497—2019) 第 3.0.9 条规定:"现场监测的对象宜包括:4.周边环境中的被保护对象,包括周边建筑、管线、轨道交通、铁路及重要的道路等。"

 作业区光线不足,施工人员容易操作失误、失足,造成高处坠落或其他伤害。

正确示例

隐患示例

规范标准

◆《建筑与市政地基基础通用规范》(GB 55003—2021) 第 7.4.2 条规定:"基坑、管沟边沿及边坡等危险地段施工时,应设置安全护栏和明显的警示标志。夜间施工时,现场照明条件。"

第 7 章 施工升降机

7.1 安全装置与防冲顶措施

⚠️ **（重大隐患）** 超载检测装置失效，吊笼内装载质量超过施工升降机额定载重量，吊笼超载运行使吊笼与结构的连接件失效而发生吊笼坠落或整机倾覆事故。

正确示例

隐患示例

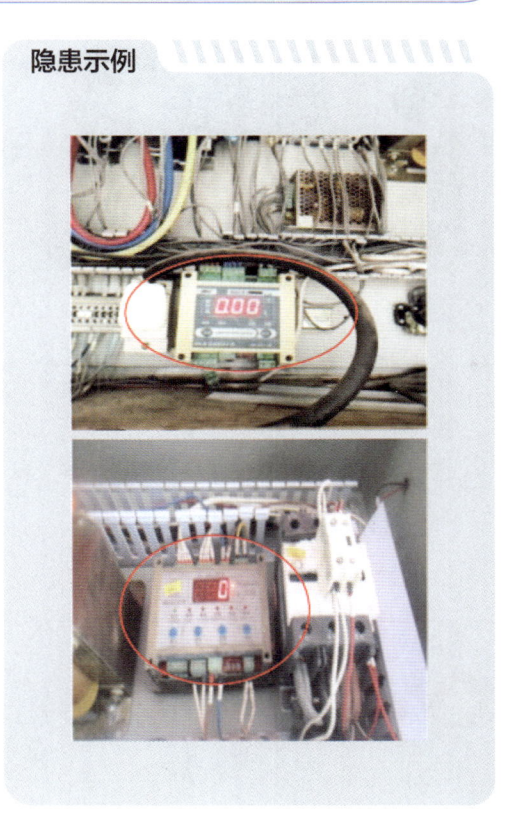

■ 规范标准

◆《建筑施工升降机安装、使用、拆卸安全技术规程》（JGJ 215—2010）第 4.1.8 条规定："施工升降机应安装超载保护装置。超载保护装置在载荷达到额定载重量的 110% 前应能中止吊笼启动，在齿轮齿条式载人施工升降机载荷达到额定载重量的 90% 时应能给出报警信号。"

（重大隐患）安全器外壳爆裂，停机或吊笼发生坠落时，防坠安全器无法动作，吊笼发生自由坠落。

安全器标定时间超过 1 年（检测日期为 2022 年 3 月 28 日），停机或吊笼发生坠落时，防坠安全器无法动作，吊笼发生自由坠落。

正确示例

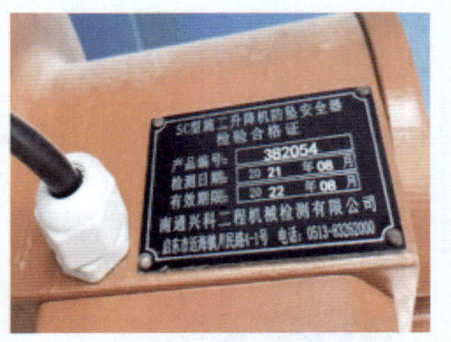

隐患示例

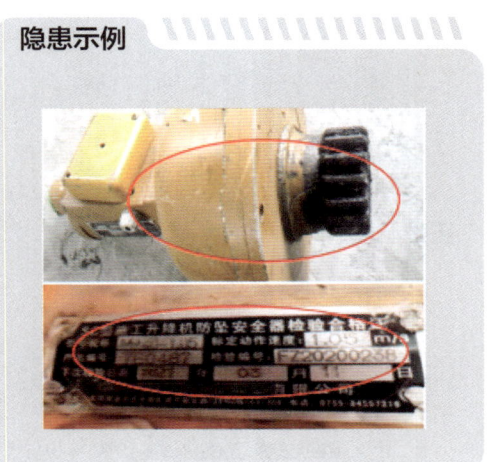

■ 规范标准

◆《建筑施工升降机安装、使用、拆卸安全技术规程》（JGJ 215—2010）第 5.2.2 条规定："严禁施工升降机使用超过有效标定期的防坠安全器。"第 5.3.2 条规定："在使用期间，使用单位应每月组织专业技术人员按本规程附录 F 对施工升降机进行检查，并对检查结果进行记录。"

（重大隐患）施工升降机的运行遇到紧急情况或意外启动时，由于急停开关缺失，造成升降机无法停机或保持在非工作状态，而发生吊笼坠落或冲顶。

正确示例　　　　　　　　隐患示例

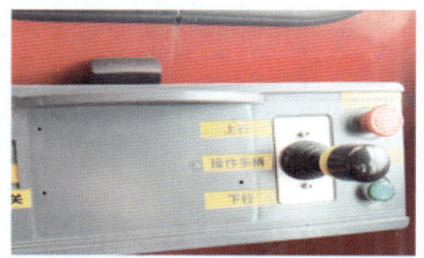
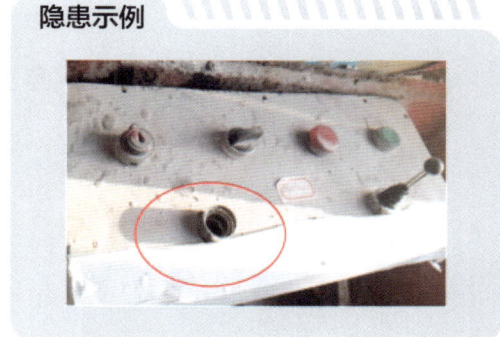

■ 规范标准

◆《吊笼有垂直导向的人货两用施工升降机》（GB/T 26557—2021）第 5.9.5 条规定："应设有使升降机（包括动力驱动的门）停机和保持非工作状态的停机装置。"

⚠ 吊笼运行至底部触碰到缓冲器，对笼内装载物或人员造成较大冲击。

正确示例　　　　　　　　隐患示例

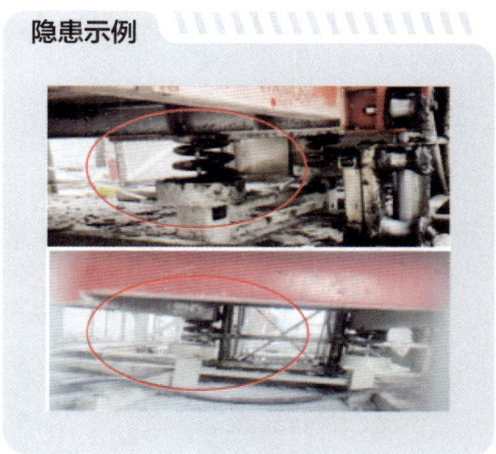

■ 规范标准

◆《吊笼有垂直导向的人货两用施工升降机》（GB/T 26557—2021）第 5.4.3.1 条规定："在吊笼和对重运行通道的最下方安装缓冲器。"

⚠ 吊笼立柱上未安装安全钩和最底部驱动电机下部的安全钩已拆除，传动机构最下部驱动齿轮驶出齿条最顶端后，在没有安全钩情况下，吊笼传动板易脱离导轨架。

正确示例	隐患示例
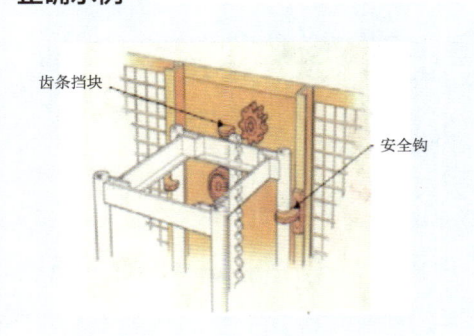	

■ 规范标准

◆《建筑施工升降设备设施检验标准》（JGJ 305—2013）第 7.2.14 条规定："齿轮齿条式施工升降机吊笼上沿导轨设置的安全钩不应少于 2 对，安全钩应能防止吊笼脱离导轨架或防坠安全器输出端齿轮脱离齿条。"

 吊笼运行至底部触碰到缓冲器，对笼内装载物或人员造成较大冲击。

正确示例	隐患示例
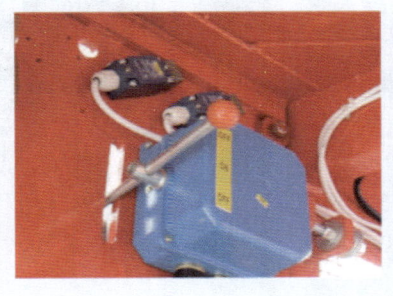	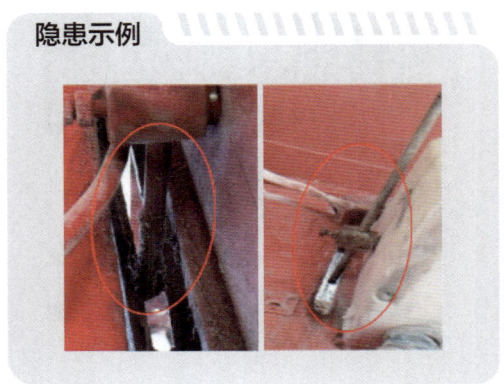

■ 规范标准

◆《建筑施工升降设备设施检验标准》（JGJ 305—2013）第 7.2.14 条规定："施工升降机应设置极限开关。当限位开关失效时，极限开关应切断总电源，使吊笼停止。当极限开关为非自动复位型时，其动作后，手动复位方能使吊笼重新启动。"

◆《施工升降机安全规程》（GB/T 10055—2007）第 11.4 条规定："极限开关与上限开关安装位置应符合相关规范要求。"

吊笼门机电联锁开关失效。吊笼在运行时，当吊笼门机电联锁开关失效，由于振动或其他原因易造成吊笼门开启，装载人员或物体从笼内坠落。

正确示例

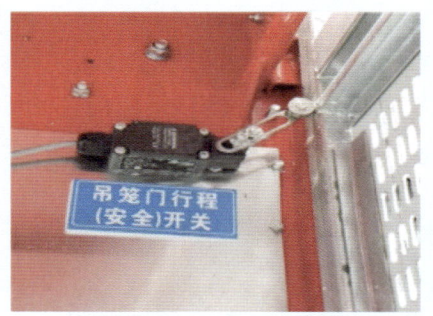

隐患示例

■ 规范标准

◆《建筑施工安全检查标准》（JGJ 59—2011）第 3.16.3 条规定："吊笼门应安装机电连锁装置，并应灵敏可靠。"

 吊笼门未设置机械闭锁或闭锁失效，当吊笼在运行时，因振动或其他原因，易造成吊笼门限位误动。

吊笼未设置机械锁钩。吊笼在运行时，当机械锁钩失效，由于振动或其他原因易造成吊笼门开启，装载人员或物体从笼内坠落。

正确示例

隐患示例

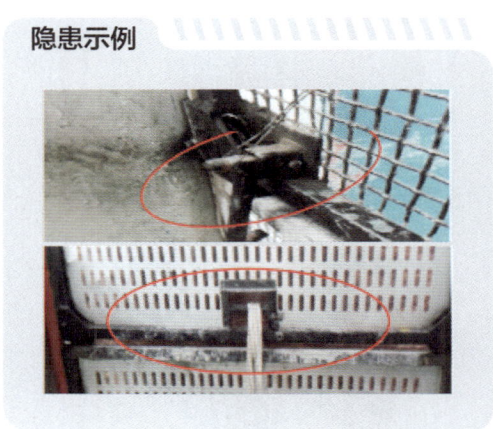

规范标准

◆《建筑施工升降设备设施检验标准》（JGJ 305—2013）第 7.2.5 条规定："吊笼门应装机械锁钩，运行时不应自动打开，应设有电气安全开关；当门未完全关闭时，该开关应能有效切断控制回路电源，使吊笼停止或无法启动。"

⚠ 吊笼活板门联锁装置损坏或铁丝捆绑导致其功能失效。吊笼顶活板门打开状态下运行吊笼，高空坠物易造成笼内人员伤害。

正确示例

隐患示例

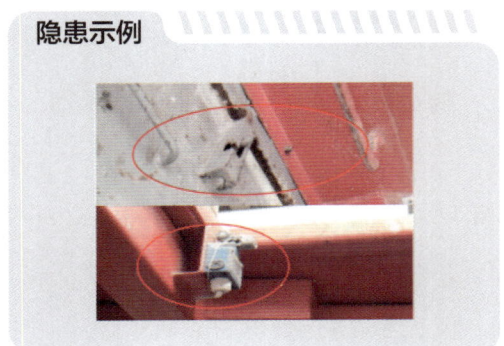

规范标准

◆《吊笼有垂直导向的人货两用施工升降机》（GB/T 26557—2021）第 5.6.1.6.4 条规定："吊笼顶任何活板门的关闭，都应通过符合第 5.9.6 条的电气安全装置来验证。如果活板门未关闭，则该装置应使升降机停止运行。"

⚠ 吊笼达到越程余量终点时，吊笼顶部空间不足，发生作业人员人身伤害或施工升降机最高部件与构筑物相撞。

正确示例

隐患示例

■ 规范标准

◆《建筑施工升降设备设施检验标准》（JGJ 305—2013）第 7.2.14 条规定："上限位开关的安装位置：当额定提升速度小于 0.8m/s 时，触板触发该开关后，上部安全距离不应小于 1.8m。"

（重大隐患） 自动越程保护失效，吊笼轨道顶部未设置越轨机械防护措施/挡板，防止吊笼冲出导轨的措施不足。在行程限位开关、极限开关失效的情况下，吊笼仍然向上运行而驶出导轨，发生倾覆。

正确示例

隐患示例

■ 规范标准

◆《施工现场机械设备检查技术规范》（JGJ 160—2016）第 7.7.6 条第 6 款规定："防止吊笼冲出导轨的措施可靠有效。"

7.2 金属结构与连接

（**重大隐患**）标准节结构锈蚀严重，易造成导轨架整体失稳、运行时造成整机倾覆。

正确示例

隐患示例

■ 规范标准

◆《施工现场机械设备检查技术规范》（JGJ 160—2016）第 7.7.6 条规定："标准节结构应无塑性变形、锈蚀、磨损。"

◆《施工升降机安全规程》（GB/T 10055—2007）制造商应对施工升降机主要结构件的腐蚀、磨损极限作出规定，对于标准节立管应明确其腐蚀和磨损程度与导轨架自由端高度、导轨架全高减少量的对应关系。当立管壁厚最大减少量为出厂厚度的 25% 时，此标准节应予报废或按立管壁规格降级使用。

（**重大隐患**）标准节结构严重变形，易造成导轨架整体失稳、运行时造成整机倾覆。

正确示例

隐患示例

■ 规范标准

◆《施工现场机械设备检查技术规范》（JGJ 160—2016）第 7.7.6 条规定："标准节结构应无塑性变形、锈蚀、磨损，标准节焊缝应无可见裂纹。"

 标准节结构脱焊、变形，易造成导轨架局部失稳，运行时造成整机倾覆。

正确示例

隐患示例

■ 规范标准

◆《施工现场机械设备检查技术规范》（JGJ 160—2016）第 7.7.6 条规定："标准节结构应无塑性变形、锈蚀、磨损，标准节焊缝应无可见裂纹。"

 主要部件使用年限超过整机允许使用年限；（检测时间 2022 年 3 月 30 日）不能保证原性能参数的使用功能，使整机运行经常出现危险性故障；金属构件在承受不同荷载时很容易失效。

正确示例

隐患示例

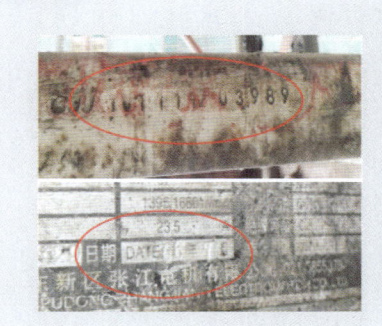

规范标准

◆《施工现场机械设备检查技术规范》(JGJ 160—2016)第7.7.6条规定:"标准节结构应无塑性变形、锈蚀、磨损,标准节焊缝应无可见裂纹。"

(**重大隐患**)附墙架锈蚀严重,易造成导轨架整体失稳,运行时发生整机倾覆。

正确示例

隐患示例

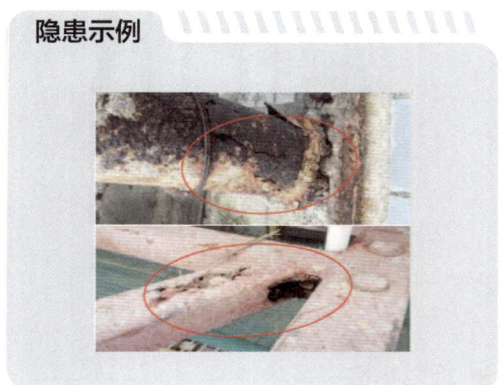

规范标准

◆《建筑施工安全检查标准》(JGJ 59—2011)第3.16.3条规定:"附墙架应采用配套标准产品。"

缺少标识或标识模糊不清易造成不同厂家或不同年份的标准节混装,导轨架受力不均匀,运行时易发生整机倾覆。

正确示例

隐患示例

■ 规范标准

◆《吊笼有垂直导向的人货两用施工升降机》（GB/T 26557—2021）第 7.2.3 条规定："每个导轨架节或导轨节上都应有可识别其生产日期的标志或序号。"

（重大隐患）标准节高强螺栓连接副缺失。同向另一高强螺栓连接副承受该截面以上全部荷载施加的力，当其承载达到极限时，易发生断裂致整机倾覆。

正确示例　　　　　　　　　隐患示例

■ 规范标准

◆《建筑施工升降机安装、使用、拆卸安全技术规程》（JGJ 215—2010）第 4.2.21 条规定："连接件和连接件之间的防松防脱件应符合使用说明书的规定，不得用其他物件代替。对有预紧力要求的连接螺栓，应使用扭力扳手或专用工具，按规定的拧紧次序将螺栓准确地紧固到规定的扭矩值。安装标准节连接螺栓时，宜螺杆在下，螺母在上。"

7.3 螺栓、销轴连接

（**重大隐患**）附墙支座处连接螺栓螺母安装不规范，附墙架连接失效、导致导轨架体受力不均匀，造成垂直度超标或发生倾覆。

附墙架前撑杆连接螺母缺失。附墙架连接失效、导致导轨架体受力不均匀，造成垂直度超标或发生倾覆。

正确示例

隐患示例

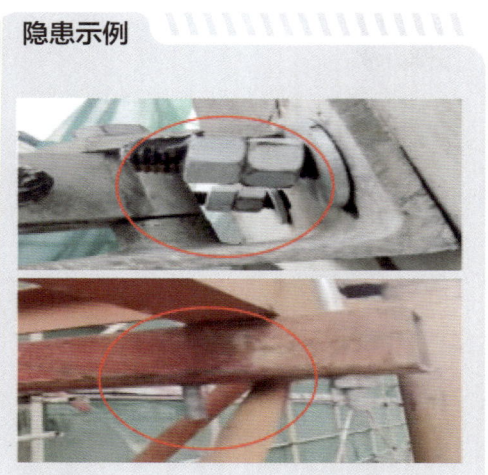

■ **规范标准**

◆《建筑施工升降机安装、使用、拆卸安全技术规程》（JGJ 215—2010）第 4.2.21 条规定："连接件和连接件之间的防松防脱件应符合使用说明书的规定，不得用其他物件代替。对有预紧力要求的连接螺栓，应使用扭力扳手或专用工具，按规定的拧紧次序将螺栓准确地紧固到规定的扭矩值。安装标准节连接螺栓时，宜螺杆在下，螺母在上。"

 连接件限位螺母未调整至合理位置，紧固螺母露出螺杆丝扣不符合规范要求，易造成附墙架与建筑结构连接失效，影响导轨架局部稳定性。

正确示例

隐患示例

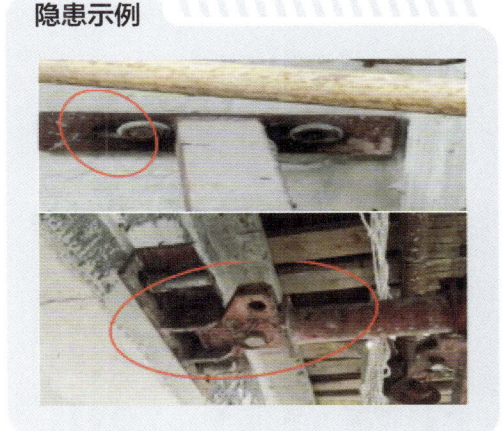

■ 规范标准

◆《建筑施工升降设备设施检验标准》（JGJ 305—2013）第7.2.6条规定："结构件各连接螺栓应齐全、紧固，应有防松措施，螺栓应高出螺母顶平面。"

⚠ 销轴止退板固定螺栓副缺失。部分销轴缺少插销。销轴窜动、造成连接失效，致吊笼失稳。

正确示例

隐患示例

■ 规范标准

◆《建筑施工升降设备设施检验标准》（JGJ 305—2013）第7.2.6条规定："结构件各连接螺栓应齐全、紧固，应有防松措施，螺栓应高出螺母顶平面，销轴连接应有可靠轴向止动装置。"

⚠ 销轴止退板固定螺栓副缺失。部分销轴缺少插销。销轴窜动、造成连接失效，致吊笼失稳。

正确示例

隐患示例

■ 规范标准

◆《吊笼有垂直导向的人货两用施工升降机》（GB/T 26557—2021）第 5.7.3.1.4 条规定："应采取措施保证每一载荷情况下齿条和所有驱动齿轮、安全装置齿轮的正确啮合。"

7.4 附墙

 附墙架附着角度过大。增加了导轨架、附墙架和附墙支座的附加载荷,造成导轨架、附墙架和附墙支座的破坏。

正确示例

隐患示例

■ 规范标准

◆《建筑施工升降机安装、使用、拆卸安全技术规程》(JGJ 215—2010)第 4.1.10 条规定:"施工升降机的附墙架形式、附着高度、垂直间距、附着点水平距离、附墙架与水平面之间的夹角、导轨架自由端高度和导轨架与主体结构间水平距离等均应符合使用说明书的要求。"

 擅自安装加长的非标附墙撑杆。附墙架连接失效、导致导轨架体受力不均匀,造成垂直度超标或发生倾覆。

正确示例

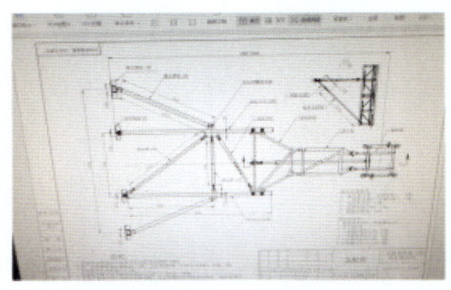

隐患示例

■ 规范标准

◆《建筑施工升降机安装、使用、拆卸安全技术规程》（JGJ 215—2010）第 4.1.11 条规定："当附墙架不能满足施工现场要求时，应对附墙架另行设计。附墙架的设计应满足构件刚度、强度、稳定性等要求，制作应满足设计要求。"

⚠ 附墙架与建筑主体连接处螺栓数量少于使用说明书要求，致造成附墙架连接强度不满足设计要求，集中受力，发生连接失效。

正确示例

隐患示例

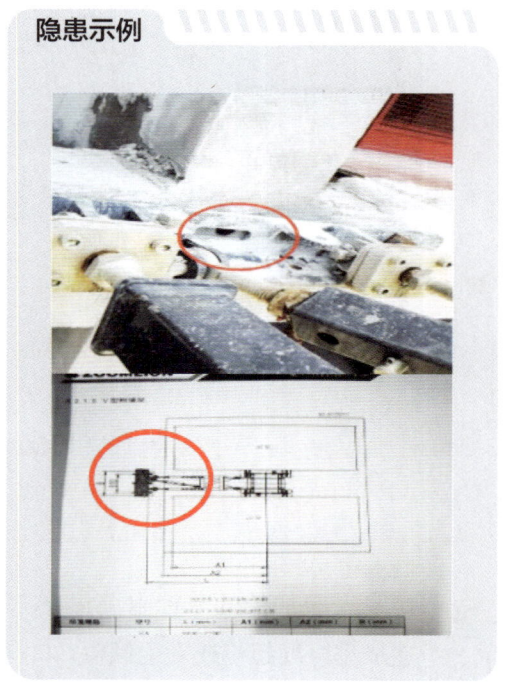

■ 规范标准

◆《建筑施工升降机安装、使用、拆卸安全技术规程》（JGJ 215—2010）第 4.2.21 条规定："连接件和连接件之间的防松防脱件应符合使用说明书的规定，不得用其他物件代替。对有预紧力要求的连接螺栓，应使用扭力扳手或专用工具，按规定的拧紧次序将螺栓准确地紧固到规定的扭矩值。安装标准节连接螺栓时，宜螺杆在下，螺母在上。"

7.5 防护设施

 地面防护围栏高度不足 2m。人员易从高度过低的地面围栏门违规进入施工升降机基础位置，与向下运行的吊笼发生碰撞。

正确示例

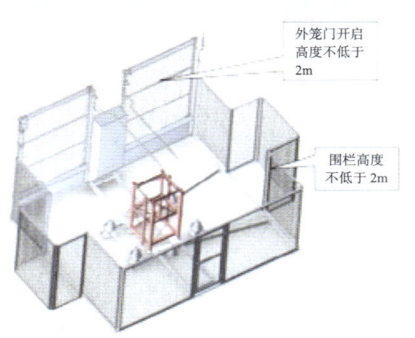

隐患示例

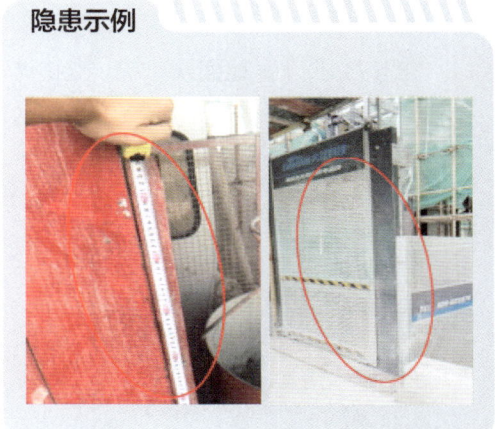

■ 规范标准

◆《吊笼有垂直导向的人货两用施工升降机》（GB/T 26557—2021）第 5.5.2.1 条规定："升降机底部防护围栏应围成一周，高度不应小于 2m，并应符合 5.5.4 要求和 GB/T 23821—2009 中表 1 的要求。"

 地面围栏门机电联锁失效。人员易违规进入施工升降机基础位置，与向下运行的吊笼发生碰撞。

正确示例

隐患示例

规范标准

◆《建筑施工升降设备设施检验标准》(JGJ 305—2013) 第 7.2.4 条规定:"围栏门应装有机械锁紧和电气安全开关;当吊笼位于底部规定位置时,围栏门方能开启,且应在该门开启后吊笼不能启动。"

⚠ 未按要求设置地面防护棚,当物体发生高空坠落时,易造成出入吊笼人员的伤害。

正确示例

隐患示例

 规范标准

◆《建筑施工升降设备设施检验标准》(JGJ 305—2013) 第 7.2.14 条规定:"地面进料口防护棚应符合现行行业标准《建筑施工高处作业安全技术规范》(JGJ 80—2016)。"

⚠ 登机平台压在附墙上或与附墙件干涉,附着承受额外载荷,附墙架长期处于受压状态,易造成整体失稳。

正确示例

隐患示例

■ 规范标准

◆《建筑施工升降机安装、使用、拆卸安全技术规程》（JGJ 215—2010）第 4.2.16 条规定："层站应为独立体系，不得搭设在施工升降机附墙架的立杆上。"

 层站通道侧面防护装置设置不到位。易发生高处坠物和造成对出入吊笼与层站间的人员高处坠落。

正确示例

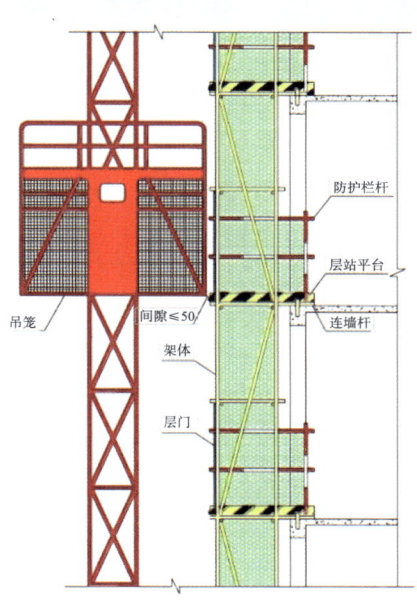

层站平台侧立面示意图

隐患示例

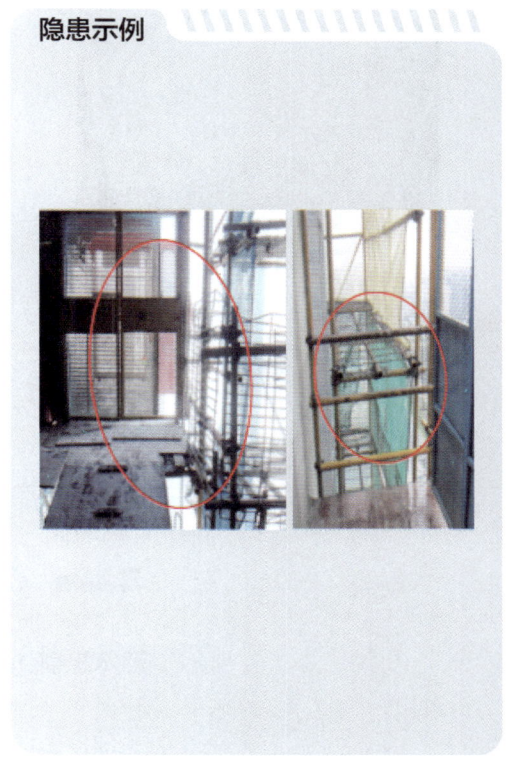

■ 规范标准

◆《吊笼有垂直导向的人货两用施工升降机》（GB/T 26557—2021）第 5.5.3.9.5 条规定："应设有层站通道侧面防护装置，该装置的高度应在1.1m～1.2m，并应有中间高度的横杆和至少高于地面150mm的护脚板，护脚板离地高度不应小于35mm。"

吊笼门底板边缘与层站平台边缘之间的距离大于 50mm（无翻板的）。易发生高处坠物和造成对出入吊笼与层站间的人员伤害。

正确示例

隐患示例

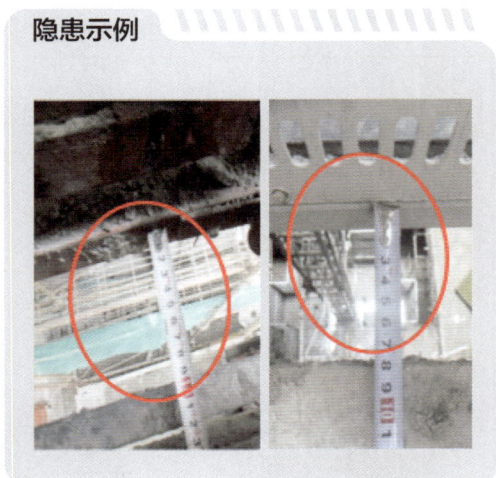

■ 规范标准

◆《建筑施工升降设备设施检验标准》（JGJ 305—2013）第 7.2.7 条规定："吊笼门框外缘与登机平台边缘之间的水平距离不应大于 50mm。"

7.6 层门

 楼层没有设置楼层标识。施工升降机运行时,司机无法准确停靠呼叫楼层。

正确示例

隐患示例

■ 规范标准

◆《建筑施工升降设备设施检验标准》(JGJ 305—2013)第 7.2.6 条第 7 款规定:"各楼层应设置楼层标识,夜间施工应有照明。"

 层门下部间隙大于 35mm,间隙过大。物体高空坠落,易对笼顶人员造成伤害。

正确示例

隐患示例

■ 规范标准

◆《吊笼有垂直导向的人货两用施工升降机》(GB/T 26557—2021)第 5.5.3.8.6 条规定:"层门关闭时,除其下部间隙不应大于 35mm,其与相邻运动件的间距有关的任何通孔和开口的尺寸及门周围的任何间隙,应符合 GB/T 23821—2009 中表 4 的要求。"

⚠ 层门向施工升降机运行通道侧开启并突出至吊笼运行通道。易造成层门与运行的吊笼碰撞或人员跌落施工升降机运行通道。

正确示例

隐患示例

■ 规范标准

◆《吊笼有垂直导向的人货两用施工升降机》(GB/T 26557—2021)第 5.5.3.2 条规定:"层门不应朝升降通道打开。"

7.7 电气系统

 违规操作施工升降机，对运行和应急情况无法及时处理，易发生事故。

正确示例

隐患示例

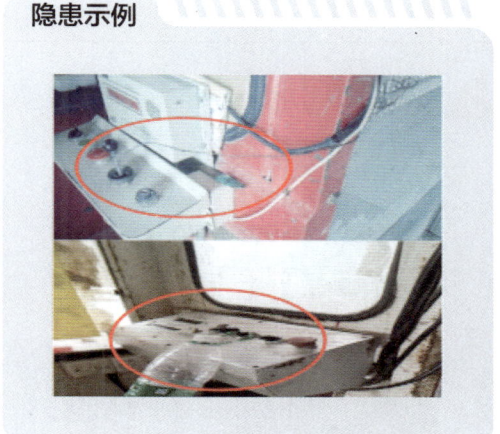

■ 规范标准

◆《吊笼有垂直导向的人货两用施工升降机》（GB/T 26557—2021）第 7.1.2.9 条规定："对于升降机的操作，应明确只能由专职操作者（司机）操作还是被准许进入工地的人员都可操作。"

 施工升降机接地体违规采用螺纹钢，接地电阻大于 4 欧姆。接地设置不符合要求，当施工升降机发生漏电时，易发生人员触电。

正确示例

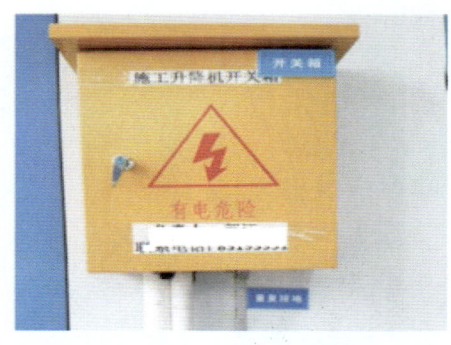

隐患示例

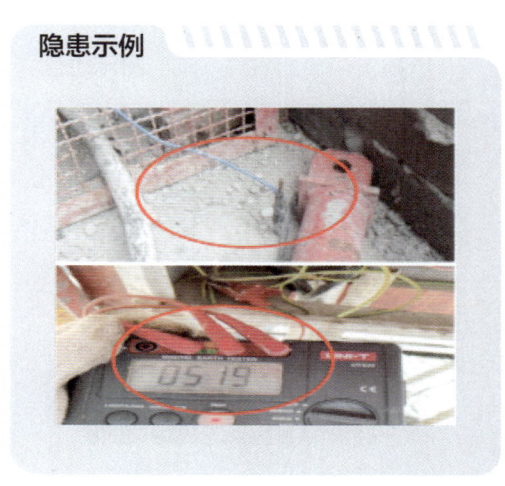

规范标准

◆《建筑施工升降机安装、使用、拆卸安全技术规程》(JGJ 215—2010) 第 4.2.8 条规定:"施工升降机金属结构和电气设备金属外壳均应接地,接地电阻不应大于 4 欧姆。"

⚠ 吊笼内照明失效。现场照度不足或夜间施工时,操作人员易发生误操作。

正确示例

隐患示例

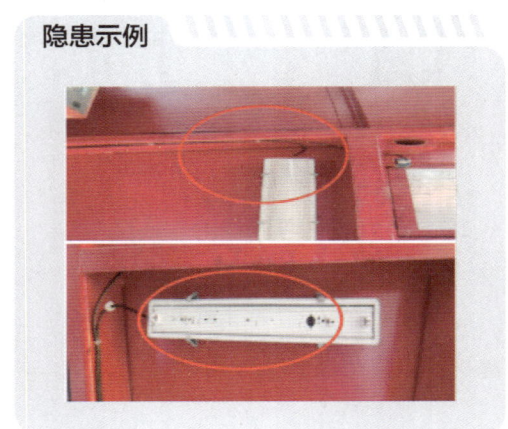

  规范标准

◆《吊笼有垂直导向的人货两用施工升降机》(GB/T 26557—2021) 第 5.8.8 条规定:"只要升降机处于工作状态,吊笼内都应有照明。控制装置处的照明不应小于 50lx。"

⚠ 吊笼内操纵台控制按钮用途标记不清晰。易造成操作人员误操作。

正确示例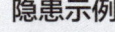

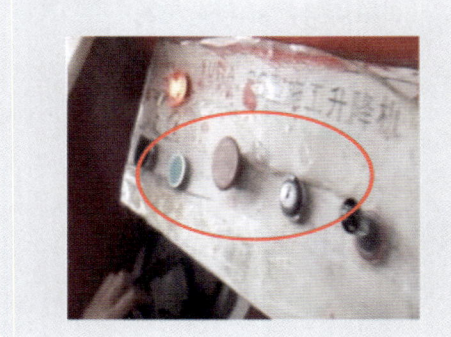

规范标准

◆《建筑施工升降设备设施检验标准》（JGJ 305—2013）第 7.2.16 条规定："在操作位置上应标明控制元件的用途和动作方向。"

⚠ 未设置专用开关箱。当施工升降机发生意外时，无法及时进行断电保护。

正确示例

隐患示例

 规范标准

◆《建筑与市政工程施工现场临时用电安全技术标准》（JGJ/T 46—2024）第 4.1.2 条规定："每台用电设备应有各自专用的开关箱，不得用同一个开关箱直接控制 2 台及以上用电设备（含插座）。"

⚠ 楼层信号联络装置错误安装在首层，楼层信号联络装置失效，造成楼层人员与操作人员无法准确联系。未设置楼层信号联络装置。楼层信号联络装置失效，造成楼层人员与操作人员无法准确联系。

正确示例

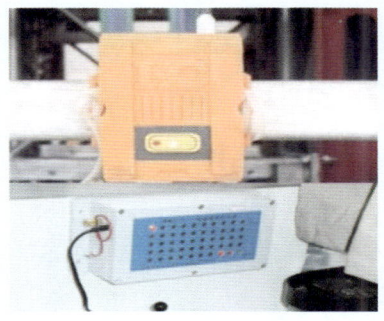

隐患示例

■ 规范标准

◆《建筑施工安全检查标准》(JGJ 59—2011)第3.16.4条规定:"施工升降机应安装楼层信号联络装置,并应清晰有效。"

 施工升降机工作中防止电缆损伤的防护措施不到位(电缆绑扎不规范)。电缆与运行的吊笼碰撞,易发生折断,导致短路。

正确示例

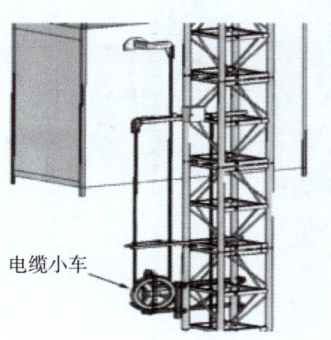

电缆小车

隐患示例

■ 规范标准

◆《建筑施工升降设备设施检验标准》(JGJ 305—2013)第7.2.16条规定:"施工升降机工作中应有防止电缆和电线机械损伤的防护措施。"

 笼顶控制盒按钮吊笼运行方向标识不清晰。控制元件用途和动作方向无标记或损坏,笼顶作业人员易发生误操作。

下降按钮损坏。控制元件用途和动作方向无标记或损坏,笼顶作业人员易发生误操作。

正确示例

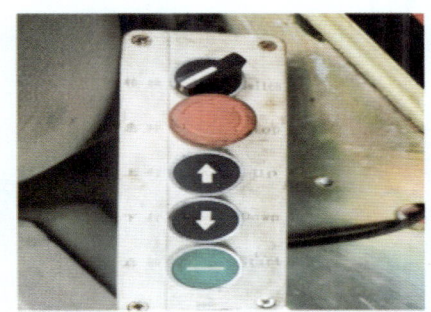

隐患示例

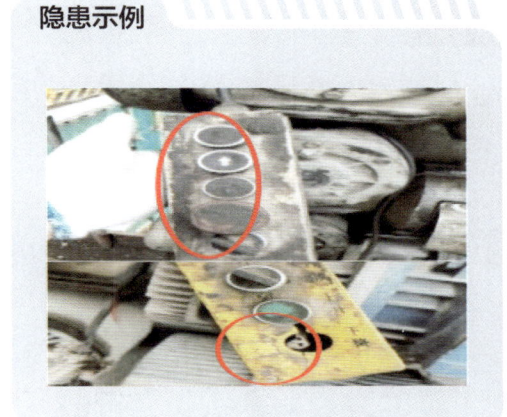

■ 规范标准

◆《建筑施工升降设备设施检验标准》（JGJ 305—2013）第7.2.16条规定："当吊笼顶用作安装、拆卸、维修的平台时，应设有检修或拆装时的顶部控制装置，控制装置应安装非自行复位的急停开关。在操作位置上应标明控制元件的用途和动作方向。自行复位的急停开关，任何时候均应切断电路停止吊笼运行。"

7.8 传动系统

⚠️ 铭牌固定不牢靠和电动机铭牌信息不清晰，易无法识别主要参数，造成安装、维修错误。

正确示例

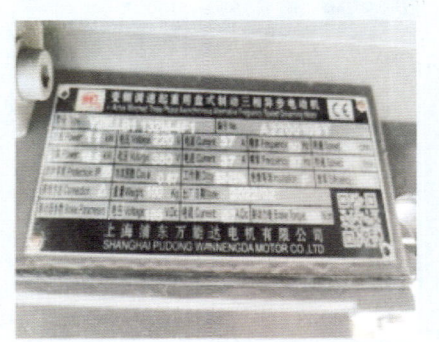

隐患示例

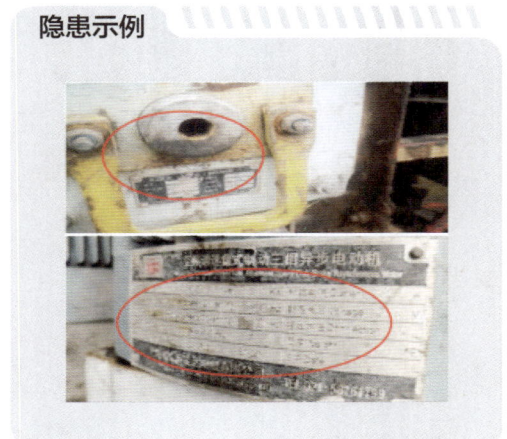

■ **规范标准**

◆《吊笼有垂直导向的人货两用施工升降机》（GB/T 26557—2021）第 7.2.1 条规定："按 GB/T 15706—2012 中 6.4.4 的规定，制造商应将标有 7.2.2 ~ 7.2.8 内容的标牌或标志固定在升降机和其部件的明显部位。标牌或标志应持久耐用。"

⚠️ 制器手动释放装置固定螺杆、螺母缺失。吊笼内未设有效的手动紧急下降装置，遇到紧急情况时，操作人员无法处置。

正确示例

隐患示例

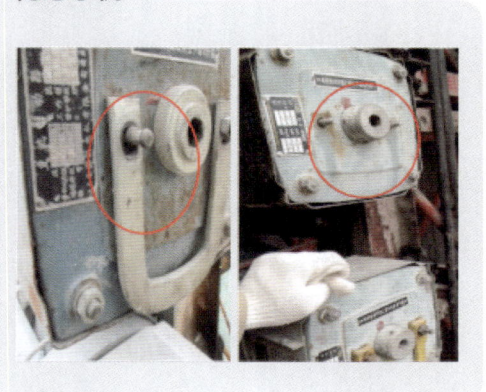

■ 规范标准

◆《吊笼有垂直导向的人货两用施工升降机》(GB/T 26557—2021) 第 5.7.4.1 条规定:"每一吊笼都应设有制动系统,在下列情况下制动系统应自动动作:——主动力源中断;——控制回路失电。"

 制动器严重失效,当吊笼运行时易发生坠落。

正确示例

隐患示例

■ 规范标准

◆《建筑施工升降设备设施检验标准》(JGJ 305—2013) 第 7.2.13 条规定:"制动器应符合下列规定:1. 制动器应符合使用说明书的要求;2. 传动系统应采用常闭式制动器,制动器动作应灵敏,工作应可靠。"

7.9 其他

⚠️ 基础积水，易造成底架钢材的锈蚀，导致壁厚减薄，抗拉强度减弱、连接失效、出现开焊；另外，基础积水易造成地基承载力下降或产生不均匀沉降，造成升降机垂直度偏差或对底架等结构产生附加外力。

正确示例

隐患示例

■ 规范标准

◆《建筑施工升降设备设施检验标准》（JGJ 305—2013）第 7.2.3 条规定："基础及周围应有排水设施，不得积水。"

⚠️ 基础设置在地下室顶板，安装前未按基础支撑结构承载力验算实施和验收。在安装使用过程中一旦出现因地下工程顶板的承载能力不足而致使其开裂损坏等严重后果。

正确示例

隐患示例

规范标准

◆《建筑施工升降机安装、使用、拆卸安全技术规程》（JGJ 215—2010）第 4.1.1 条规定："对基础设置在地下室顶板、楼面或其他下部悬空结构上的施工升降机，应对基础支撑结构进行承载力验算。施工升降机安装前应按本规程附录 A 对基础进行验收，合格后方能安装。"

 笼顶防护围栏缺失。物体或笼顶作业人员易发生高处坠落。

正确示例

隐患示例

规范标准

◆《建筑施工升降设备设施检验标准》（JGJ 305—2013）第 7.2.5 条规定："吊笼应符合下列规定：当吊笼顶板作为安装、拆卸、维修的平台或设有天窗时，顶板应抗滑，且周围应设护栏；该护栏的上扶手高度不应小于 1.1m，中间高度应设置横杆，挡脚板高度不应小于 100mm，护栏与顶板边缘的距离不应大于 100mm，并应符合使用说明书的要求。"

 吊笼内未设置应急救援梯。施工升降机司机遇到停电等紧急情况时，无法应急处置。

正确示例

隐患示例

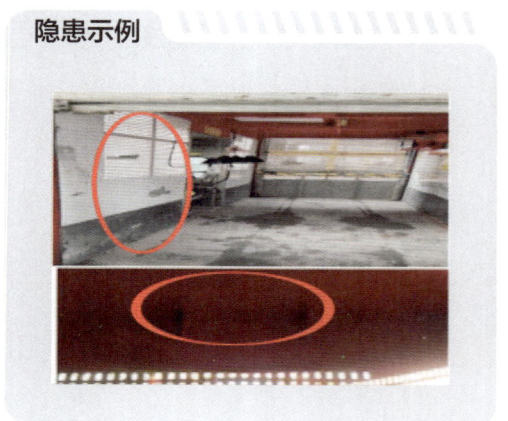

■ **规范标准**

◆《建筑施工升降设备设施检验标准》（JGJ 305—2013）第7.2.5条规定："吊笼应符合下列规定：吊笼顶部应有紧急出口，并应配有专用扶梯，出口门应装向外开启的活板门，并应设有电气安全连锁开关，并应灵敏、有效。"

⚠ 升降运行吊笼司机室与建筑物安全距离小于0.25m，吊笼最外缘部件易与建筑构件或外排栅发生碰撞。笼顶防护栏杆撞到外架横杆。吊笼最外缘部件易与建筑构件或外排栅发生碰撞。

正确示例

隐患示例

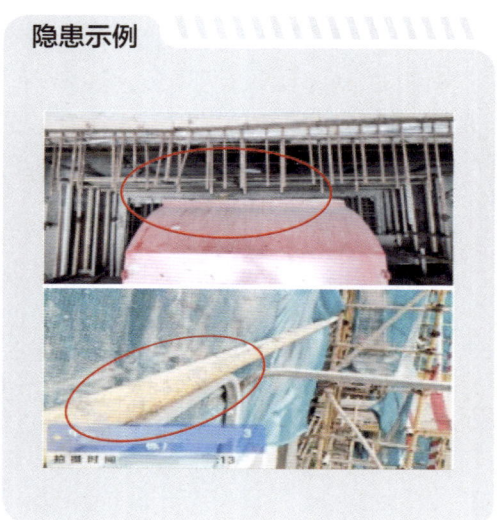

施工升降机 第7章

■ 规范标准

◆《施工现场机械设备检查技术规范》（JGJ 160—2016）第 7.7.5 条规定："施工升降机运动部件与建筑物和固定施工设备之间的距离不应小于 0.25m。"

 吊笼内无限载限员标记。违规运载物料和人员，施工升降机易发生运行故障或坠落。

正确示例

隐患示例

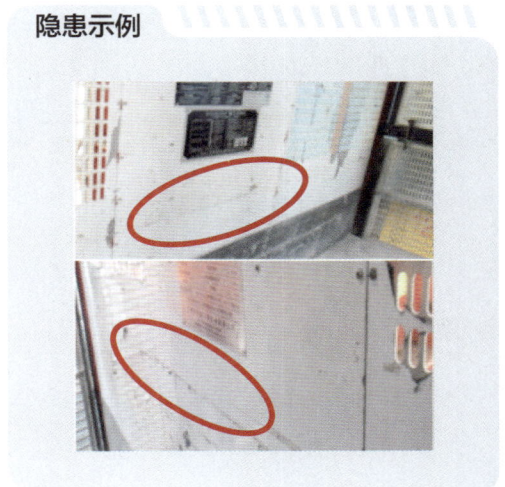

■ 规范标准

◆《建筑施工升降机安装、使用、拆卸安全技术规程》（JGJ 215—2010）第 5.2.3 条规定："施工升降机额定载重量、额定乘员数标牌应置于吊笼醒目位置。严禁在超过额定载重量或额定乘员数的情况下使用施工升降机。"

◆《建设工程安全生产管理条例》（国务院令第 393 号）第二十八条规定："施工单位应当在施工现场入口处、施工起重机械、临时用电设施、脚手架、出入通道口、楼梯口、电梯井口、孔洞口、桥梁口、隧道口、基坑边沿、爆破物及有害危险气体和液体存放处等危险部位，设置明显的安全警示标志。安全警示标志必须符合国家标准。"

 吊笼内整机产品铭牌缺失或信息不全。易造成安装、操作、维修人员错误作业。

正确示例

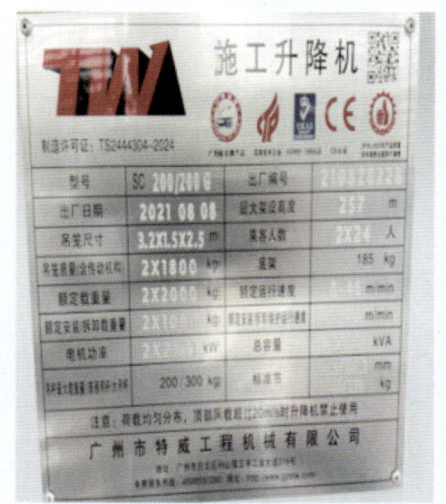

隐患示例

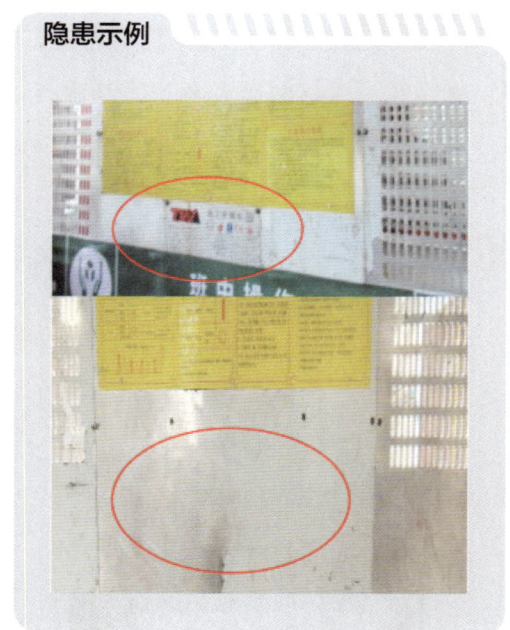

■ **规范标准**

◆《吊笼有垂直导向的人货两用施工升降机》（GB/T 26557—2021）第 7.2 条规定："制造商应将标有内容的标牌或标志固定在升降机相应的明显部位，标牌或标志应持久耐用。"

（**重大隐患**）自由端高度超高（大于使用说明书的规定高度）。导轨架体自由端高度超高会造成最高附墙架以上导轨架体的失稳折断。

正确示例

隐患示例

■ 规范标准

◆《建筑施工升降设备设施检验标准》(JGJ 305—2013) 第 7.2.16 条第 5 款规定:"附着装置以上的导轨架自由端高度不得超过使用说明书的要求。"

 吊笼底板腐蚀、变形严重,在吊笼运行时,易发生物体或人员高处坠落。

正确示例

隐患示例

■ 规范标准

◆《吊笼有垂直导向的人货两用施工升降机》(GB/T 26557—2021) 第 5.6.1.2 条规定:"吊笼底板应能承受 5.2.2.11 规定的力,并应能防滑和自排水。"

第 8 章 塔式起重机

8.1 安全保护装置

 （重大隐患） 力矩限制器缺少一组，无法切断起升方向电源；力矩限制器不起作用，超载可能导致塔机折臂、坍塌或倾翻。

正确示例

隐患示例

■ 规范标准

◆《塔式起重机安全规程》（GB 5144—2006）第 6.1.1 条规定："塔机应安装起重量限制器。如设有起重量显示装置，则其数值误差不应大于实际值的 ±5%。"

（重大隐患）起重量限制器不起作用，超载会导致起升钢丝绳断绳，造成物体打击等伤害事故。

正确示例　　　　　　　　　　　　**隐患示例**

■ **规范标准**

◆《塔式起重机安全规程》（GB 5144—2006）第 6.1.2 条规定："当起重量大于相应挡位的额定值并小于该额定值的 110% 时，应切断上升方向的电源，但机构可作下降方向的运动。"

（重大隐患）高度限位器不起作用或最小距离调整不符合标准要求，可能导致"冲顶"，起升钢丝绳断裂而发生物体打击伤害事故。

正确示例　　　　　　　　　　　　**隐患示例**

规范标准

◆《塔式起重机》(GB/T 5031—2019)第 5.6.1.1 条规定:"动臂变幅的塔机,当吊钩装置顶部升至对应位置起重臂下端的最小距离为 800mm 处时,应能立即停止起升运动,但应有下降运动。对没有变幅重物平移功能的动臂变幅的塔机,还应同时切断向外变幅控制回路电源。"第 5.6.1.2 条规定:"小车变幅的塔机,吊钩装置顶部升至小车架下端的最小距离为 800mm 处时,应能立即停止起升运动,但应有下降运动。"

 变幅小车断绳保护装置变形,人为采用铁丝绑扎或一侧缺失,不起作用。可能导致起重臂折臂或塔机倾翻。

正确示例

隐患示例

规范标准

◆《塔式起重机安全规程》(GB 5144—2006)第 6.4 条规定:"小车断绳保护装置。小车变幅的塔机,变幅的双向均应设置断绳保护装置。"

回转限位失效,无法限制在塔机在一定回转角度范围内,造成电源电缆严重缠绕甚至扭断。

正确示例

隐患示例

■ 规范标准

◆《塔式起重机》(GB/T 5031—2019)第 5.6.4 条规定:"回转限位器。回转处不设集电器供电的塔机,应设置正反两个方向回转限位开关,开关动作时臂架旋转角度应不大于 ±540°。"

 变幅小车运行过程中直接撞击止挡装置,造成较大冲击。

正确示例

隐患示例

■ 规范标准

◆《塔式起重机》（GB/T 5031—2019）第 5.6.2.2 条规定："小车变幅的塔机，应设置小车行程限位开关和终端缓冲装置。限位开关动作后应保证小车停车时其端部距缓冲装置最小距离为 200mm。"

⚠ 钢丝绳防脱保护装置与滑轮之间变形导致间隙过大，在非平稳的起升、下降操作过程中起升钢丝绳容易因弹跳而脱出滑轮，钢丝绳快速磨损而断裂，造成物体坠落伤害事故。

正确示例

隐患示例

■ 规范标准

◆《塔式起重机安全规程》（GB 5144—2006）第 6.6 条规定："滑轮、起升卷筒及动臂变幅卷筒均应设有钢丝绳防脱装置，该装置与滑轮或卷筒侧板最外缘的间隙不应超过钢丝绳直径的 20%。"

⚠ 起升机构制动轮表面有油污。可能导致制动失效，重物坠落伤人。

正确示例	隐患示例

■ **规范标准**

◆《起重机械定期检验规则》（TSGQ 7015—2016）第 C5.1.3 条（2）项规定："制动器打开时制动轮与摩擦片无摩擦现象，制动器闭合时制动轮与摩擦片接触均匀，无影响制动性能的缺陷和油污。"

 起升机构制动轮表面有可见裂纹。可能导致制动失效，重物坠落伤人。

正确示例	隐患示例
	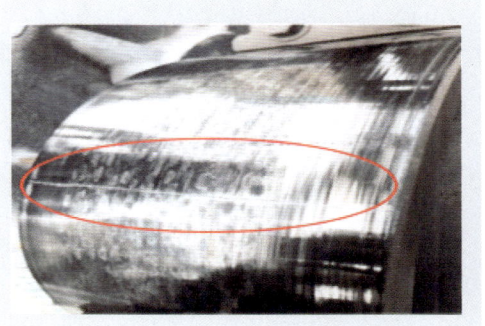

■ **规范标准**

◆《水利电力建设用起重机》（DL/T 946—2021）第 4.11.4 条规定："制动轮或制动盘有裂纹时，均应报废。"

吊钩钢丝绳防脱装置失效。起重吊装时容易导致钢丝绳吊索或吊具脱钩,重物坠落伤人。

正确示例

隐患示例

■ 规范标准

◆《塔式起重机》(GB/T 5031—2019)第 5.4.2.3 条规定:"吊钩应设有防止吊索或吊具非人为脱出的装置。"

8.2 金属结构与连接

 标准节杆件断裂,易造成整机坍塌。

正确示例

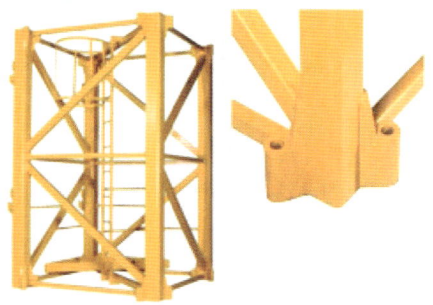

隐患示例

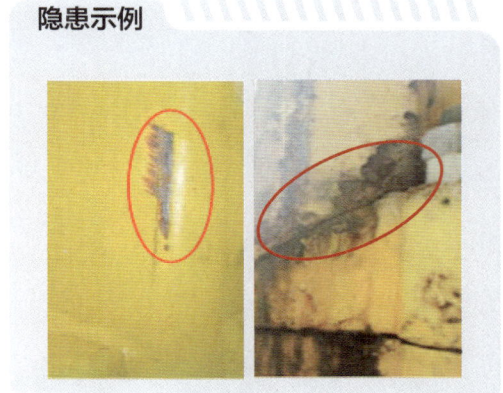

■ 规范标准

◆《塔式起重机安全规程》(GB 5144—2006)第 4.7.3 条规定:"塔机的结构件及焊缝出现裂纹时,应根据受力和裂纹情况采取加强或重新施焊等措施,并在使用中定期观察其发展。对无法消除裂纹影响的应予以报废。"

(**重大隐患**)塔机使用过程中标准节主肢或斜腹杆断裂。易导致整机坍塌。

正确示例

隐患示例

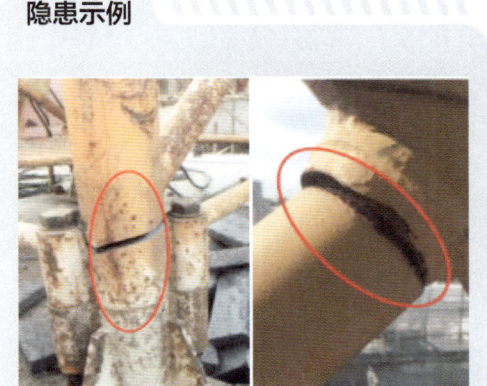

■ 规范标准

◆《塔式起重机安全规程》(GB 5144—2006)第4.7.3条规定:"塔机的结构件及焊缝出现裂纹时,应根据受力和裂纹情况采取加强或重新施焊等措施,并在使用中定期观察其发展。对无法消除裂纹影响的应予以报废。"

（重大隐患）起重臂斜腹杆与上弦连接处焊缝开裂或存在塑性变形。导致臂架节失稳破坏,造成折臂甚至整机坍塌。

正确示例　　　　　　　隐患示例

■ 规范标准

◆《塔式起重机安全规程》(GB 5144—2006)第4.7.3条规定:"塔机的结构件及焊缝出现裂纹时,应根据受力和裂纹情况采取加强或重新施焊等措施,并在使用中定期观察其发展。对无法消除裂纹影响的应予以报废。"

塔机回转下支座封板焊缝开裂。导致回转塔身节失稳破坏,会造成塔机上部结构坍塌坠落。

正确示例　　　　　　　　　隐患示例

■ 规范标准

◆《塔式起重机安全规程》（GB 5144—2006）第 4.7.3 条规定："塔机的结构件及焊缝出现裂纹时，应根据受力和裂纹情况采取加强或重新施焊等措施，并在使用中定期观察其发展。对无法消除裂纹影响的应予以报废。"

⚠ 塔机上安装非原制造厂基础节（基础节带顶升踏步和螺栓连接套筒，无制造合格证明，非原制造厂制造）。可能导致基础节结构破坏，造成整机倾翻。

正确示例　　　　　　　　　隐患示例

■ 规范标准

◆《建筑起重机械安全监督管理规定》（建设部令第 166 号）第二十条第 3 款规定："禁止擅自在建筑起重机械上安装非原制造厂制造的标准节和附着装置。"

塔机上安装非原制造厂转换底座（塔机基础节与预埋地脚螺栓不配套，加装的转换底座无制造合格证明，非原制造厂制造）。可能导致基础节失稳破坏，造成整机倾翻。

正确示例

隐患示例

■ 规范标准

◆《建筑起重机械安全监督管理规定》（建设部令第166号）第二十条第3款规定："禁止擅自在建筑起重机械上安装非原制造厂制造的标准节和附着装置。"

 塔机上安装非原制造厂标准节。可能导致标准节失稳破坏，造成整机倾翻。

正确示例

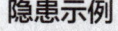

隐患示例

规范标准

◆《建筑起重机械安全监督管理规定》（建设部令第166号）第二十条第3款规定："禁止擅自在建筑起重机械上安装非原制造厂制造的标准节和附着装置。"

 塔身标准节混装使用。标准节受力状态不一致，易导致螺栓及连接结构的损坏，甚至塔身折断。

正确示例

隐患示例

规范标准

◆《建筑起重机械安全监督管理规定》（建设部令第166号）第二十条第3款规定："禁止擅自在建筑起重机械上安装非原制造厂制造的标准节和附着装置。"

（重大隐患）塔机使用过程中多个预埋地脚螺栓断裂或数量少于规定。会导致整机倾翻。

正确示例

隐患示例

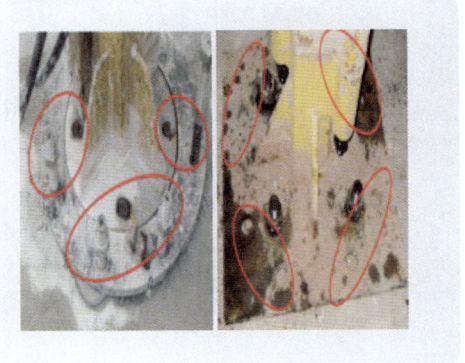

■ 规范标准

◆《建筑施工塔式起重机安装、使用、拆卸安全技术规程》（JGJ 196—2010）第3.2.6条规定："基础中的地脚螺栓等预埋件应符合使用说明书的要求。"

 预埋支腿未按说明书要求预埋。易导致整机倾翻。

正确示例

隐患示例

■ 规范标准

◆《建筑施工塔式起重机安装、使用、拆卸安全技术规程》（JGJ 196—2010）第3.2.7条规定："桩基或钢格构柱顶部应锚入混凝土承台一定长度；钢格构柱下端应锚入混凝土桩基，且锚固长度能满足钢格构柱抗拔要求。"

（重大隐患）标准节等主要受力结构件连接螺栓缺失或缺件。易导致塔机整体坍塌坠落。

正确示例

隐患示例

■ 规范标准

◆《塔式起重机安全规程》（GB 5144—2006）第 4.2.2.4 条规定："采用高强度螺栓连接时，其连接表面应清除灰尘，油漆、油迹和锈蚀。应使用力矩扳手或专用扳手，按使用说明书要求拧紧。塔机出厂时应根据用户需要提供力矩扳手或专用扳手。"

 塔身标准节高强度螺栓连接不规范，螺杆螺纹未露出 1～3 扣。导致螺栓连接失效破坏，整机坍塌坠落。

正确示例 隐患示例

■ 规范标准

◆《塔式起重机安全规程》（GB 5144—2006）第 4.2.2.4 条规定："采用高强度螺栓连接时，其连接表面应清除灰尘，油漆、油迹和锈蚀。应使用力矩扳手或专用扳手，按使用说明书要求拧紧。塔机出厂时应根据用户需要提供力矩扳手或专用扳手。"

 标准节等主要受力结构件连接螺栓松动或螺杆安装方向错误。可能导致螺栓连接失效破坏，整机坍塌坠落。

正确示例

隐患示例

■ 规范标准

◆《塔式起重机安全规程》（GB 5144—2006）第 4.2.2.4 条规定："采用高强度螺栓连接时，其连接表面应清除灰尘，油漆、油迹和锈蚀。应使用力矩扳手或专用扳手，按使用说明书要求拧紧。塔机出厂时应根据用户需要提供力矩扳手或专用扳手。"

 片式标准节未安装使用相应强度等级螺母。可能导致螺栓连接失效破坏，塔机坍塌坠落。

正确示例

隐患示例

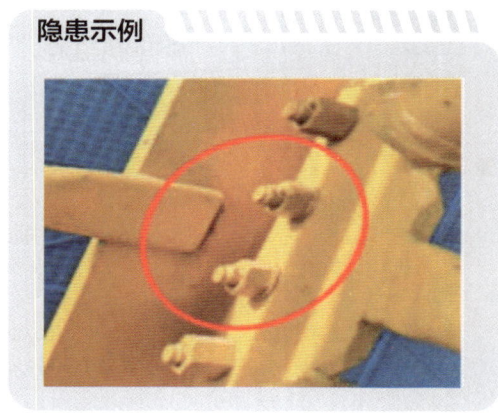

■ 规范标准

◆《塔式起重机》（GB/T 5031—2019）第 5.3.2.2 条规定："螺栓连接。主要受力结构件间的螺栓连接应采用高强度螺栓，高强度螺栓副应符合 GB/T 3098.1 和 GB/T 3098.2 的规定，并应有性能等级符号标识及合格证书。标准节、回转支承等类似受力连接用高强度螺栓应提供楔荷载合格证明。"

塔机标准节连接螺栓无相应性能等级标志。可能导致螺栓连接失效破坏,塔机坍塌坠落。

正确示例

隐患示例

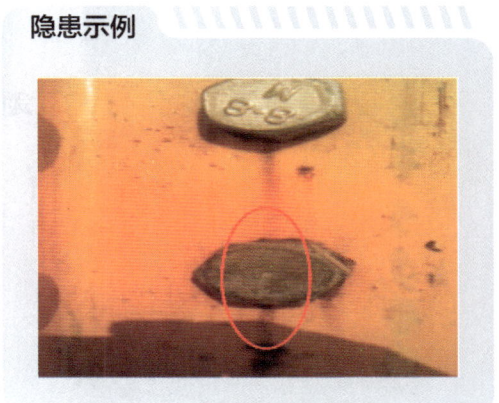

■ 规范标准

◆《塔式起重机》(GB/T 5031—2019)第 5.3.2.2 条规定:"螺栓连接。主要受力结构件间的螺栓连接应采用高强度螺栓,高强度螺栓副应符合 GB/T 3098.1 和 GB/T 3098.2 的规定,并应有性能等级符号标识及合格证书。标准节、回转支承等类似受力连接用高强度螺栓应提供楔荷载合格证明。"

 塔机回转支承连接螺栓无防松措施。可能导致螺栓连接失效破坏,塔机上部结构坍塌坠落。

正确示例

隐患示例

■ 规范标准

◆《建筑施工塔式起重机安装、使用、拆卸安全技术规程》(JGJ 196—2010)第 3.4.13 条规定:"连接件及其防松防脱件严禁用其他代用品代用。连接件及其防松防脱件应使用力矩扳手或专用工具紧固连接螺栓。"

(重大隐患)塔身标准节连接销轴漏装锁紧销,存在重大安全隐患。可能导致销轴退出:连接失效,塔机坍塌坠落。

正确示例

隐患示例

■ 规范标准

◆《塔式起重机》(GB/T 5031—2019)第 5.3.2.3 条规定:"销轴连接。销轴连接应有可靠的轴向定位,并符合 GB 5144 的要求。"

(重大隐患)平衡臂与回转塔身连接销轴漏装开口销,轴向固定装置缺失。可能导致销轴退出,连接失效,塔机上部结构坠落。

正确示例

隐患示例

■ 规范标准

◆《塔式起重机》(GB/T 5031—2019)第 5.3.2.3 条规定:"销轴连接。销轴连接应有可靠的轴向定位,并符合 GB 5144 的要求。"

⚠ 起重臂拉杆连接销轴漏装开口销,轴向固定装置缺失。导致销轴退出脱落,起重臂拉杆连接失效,造成塔机倾翻。

正确示例

隐患示例

■ 规范标准

◆《塔式起重机》(GB/T 5031—2019)第 5.3.2.3 条规定:"销轴连接。销轴连接应有可靠的轴向定位,并符合 GB 5144 的要求。"

⚠ 塔顶处起重臂拉杆连接板安装位置错误,导致销轴安装连接异常,存在重大安全隐患。易导致销轴变形滑出或剪断,起重臂连接失效,造成塔机倾翻。

正确示例

隐患示例

■ 规范标准

◆《塔式起重机》(GB/T 5031—2019)第 4.2.2.3 条规定:"自升式塔机的小车变幅起重臂,其下弦杆连接销轴不宜采用螺栓固定轴端挡板的形式。当连接销轴轴端采用焊接挡板时,挡板的厚度和焊缝应有足够的强度、挡板与销轴应有足够的重合面积,以防止销轴在安装和工作中由于锤击力及转动可能产生的不利影响。"

 塔机起重臂下弦杆连接销轴三角挡板脱落,轴向固定装置缺失。易导致销轴退出并脱落,起重臂连接失效,造成塔机倾翻。

正确示例

隐患示例

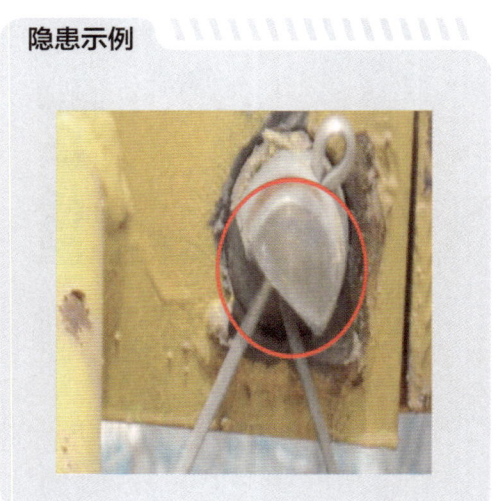

■ 规范标准

◆《塔式起重机》(GB/T 5031—2019)第 4.2.2.3 条规定:"自升式塔机的小车变幅起重臂,其下弦杆连接销轴不宜采用螺栓固定轴端挡板的形式。当连接销轴轴端采用焊接挡板时,挡板的厚度和焊缝应有足够的强度、挡板与销轴应有足够的重合面积,以防止销轴在安装和工作中由于锤击力及转动可能产生的不利影响。"

 采用螺纹钢筋代替平衡重支承销。可能导致螺纹钢筋断裂,平衡重固定失效,塔机倾翻。

正确示例

隐患示例

■ 规范标准

◆《建筑施工塔式起重机安装、使用、拆卸安全技术规程》（JGJ 196—2010）第3.4.13条规定："连接件及其防松防脱件严禁用其他代用品代用。连接件及其防松防脱件应使用力矩扳手或专用工具紧固连接螺栓。"

8.3 附着装置

 现场塔机附着杆采用三杆系布置，与使用说明书中四杆系布置不符。可能导致附着体系失稳破坏，造成塔机上部结构坍塌坠落。

正确示例

隐患示例

■ 规范标准

◆《建筑施工塔式起重机安装、使用、拆卸安全技术规程》（JGJ 196—2010）第3.3.1条规定："当塔式起重机作附着使用时，附着装置的设置和自由端高度等应符合使用说明书的规定。"

 现场塔机附着杆采用二杆系布置，与使用说明书中三杆系布置不符，非稳定结构。可能导致附着体系失稳破坏，造成塔机上部结构坍塌坠落。

正确示例

隐患示例

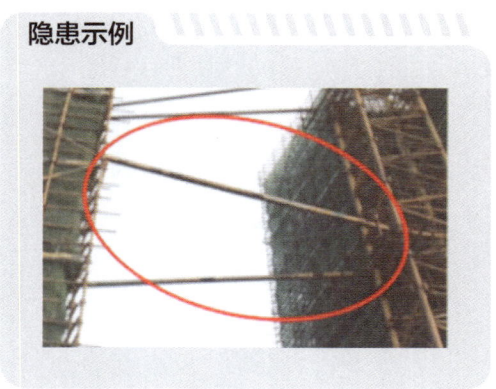

塔式起重机 第8章

■ 规范标准

◆《建筑施工塔式起重机安装、使用、拆卸安全技术规程》（JGJ 196—2010）第 3.3.1 条规定："当塔式起重机作附着使用时，附着装置的设置和自由端高度等应符合使用说明书的规定。"

⚠ **（重大隐患）** 塔机附着后的悬臂高度超过使用说明书中规定值。可能导致附着装置失稳破坏或者附着装置处塔身结构破坏，造成塔机上部结构坍塌坠落。

正确示例

隐患示例

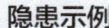
■ 规范标准

◆《建筑施工塔式起重机安装、使用、拆卸安全技术规程》（JGJ 196—2010）第 3.3.1 条规定："当塔式起重机作附着使用时，附着装置的设置和自由端高度等应符合使用说明书的规定。"

 附着耳板支座锚固处建筑结构（剪力墙）开裂，未设计复核附着物承载能力。可能导致附着装置连接破坏，造成塔机上部结构坍塌坠落。

正确示例	隐患示例
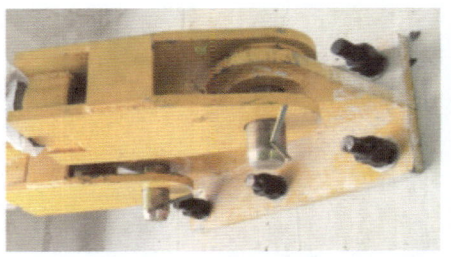	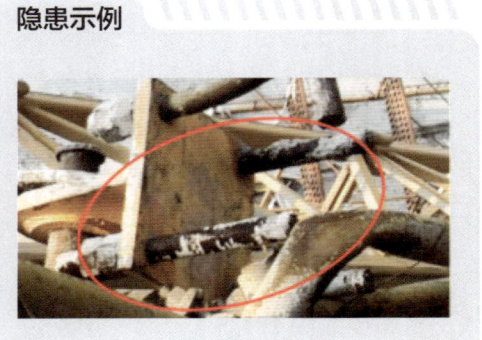

■ 规范标准

◆《建筑施工塔式起重机安装、使用、拆卸安全技术规程》(JGJ 196—2010)第3.3.4条规定:"附着装置设计时,应对支承处的建筑主体结构进行验算。"

⚠ 塔机上安装非原制造厂附着框(附着框多段拼接,不规范,无制造合格证明;连接螺栓也不牢靠)。可能导致附着框连接破坏,造成整机倾翻。

正确示例	隐患示例

■ 规范标准

◆《建筑起重机械安全监督管理规定》(建设部令第166号)第二十条第3款规定:"禁止擅自在建筑起重机械上安装非原制造厂制造的标准节和附着装置。"

（**重大隐患**）塔机上安装非原制造厂附着杆（附着杆多种构造型式、多段拼焊接长，不规范，无制造合格证明）。可能导致附着杆失稳破坏，造成整机倾翻。

正确示例

隐患示例

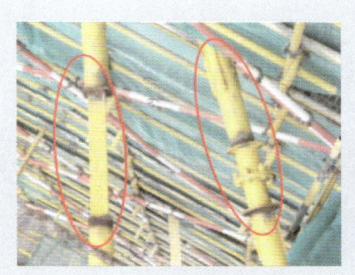

■ 规范标准 ■

◆《建筑起重机械安全监督管理规定》（建设部令第 166 号）第二十条第 3 款规定："禁止擅自在建筑起重机械上安装非原制造厂制造的标准节和附着装置。"

（**重大隐患**）塔机上安装非原制造厂附着杆（附着杆多种构造型式、多段拼焊接长，不规范，无制造合格证明）。可能导致附着杆失稳破坏，造成整机倾翻。

正确示例

隐患示例

■ 规范标准 ■

◆《建筑起重机械安全监督管理规定》（建设部令第 166 号）第二十条第 3 款规定："禁止擅自在建筑起重机械上安装非原制造厂制造的标准节和附着装置。"

（**重大隐患**）塔机上安装非原制造厂附着杆（附着杆多种构造型式、多段拼焊接长，不规范，无制造合格证明）。可能导致附着杆失稳破坏，造成整机倾翻。

正确示例

隐患示例

■ 规范标准

◆《建筑起重机械安全监督管理规定》（建设部令第 166 号）第二十条第 3 款规定："禁止擅自在建筑起重机械上安装非原制造厂制造的标准节和附着装置。"

（**重大隐患**）塔机上安装非原制造厂附着杆（附着杆多种构造型式、多段拼焊接长，不规范，无制造合格证明）。可能导致附着杆失稳破坏，造成整机倾翻。

正确示例

隐患示例

■ 规范标准

◆《建筑起重机械安全监督管理规定》（建设部令第 166 号）第二十条第 3 款规定："禁止擅自在建筑起重机械上安装非原制造厂制造的标准节和附着装置。"

塔机上安装非原制造厂附着抱箍（附着抱箍构造不规范、不可靠，无制造合格证明）。可能导致附着抱箍破坏，造成整机倾翻。

正确示例

隐患示例

■ 规范标准

◆《建筑起重机械安全监督管理规定》（建设部令第 166 号）第二十条第 3 款规定："禁止擅自在建筑起重机械上安装非原制造厂制造的标准节和附着装置。"

 附着耳板支座预埋螺栓连接固定不符合要求（附着处结构有蜂窝现象）。可能导致附着耳板支座连接破坏，造成塔机上部结构坍塌坠落。

正确示例

隐患示例

■ 规范标准

◆《建筑起重机械安全监督管理规定》(建设部令第166号)第二十条第1款规定:"建筑起重机械在使用过程中需要附着的,使用单位应当委托原安装单位或者具有相应资质的安装单位按照专项施工方案实施,并按照本规定第十六条规定组织验收。验收合格后方可投入使用。"

⚠ 塔机上安装非原制造厂附着杆(附着杆多种构造型式、多段拼焊接长,不规范,无制造合格证明)。可能导致附着杆失稳破坏,造成整机倾翻。

正确示例

隐患示例

■ 规范标准

◆《建筑起重机械安全监督管理规定》(建设部令第166号)第二十条第3款规定:"禁止擅自在建筑起重机械上安装非原制造厂制造的标准节和附着装置。"

⚠ 附着杆连接销轴长度不足,安装不到位;附着杆耳板与支座耳板直接焊接连接,未提供有关资料。可能导致附着杆与支座之间的连接失效,造成塔机上部结构坍塌坠落。

正确示例

隐患示例

■ 规范标准

◆《建筑施工塔式起重机安装、使用、拆卸安全技术规程》（JGJ 196—2010）第3.4.13条规定："连接件及其防松防脱件严禁用其他代用品代用。连接件及其防松防脱件应使用力矩扳手或专用工具紧固连接螺栓。"

 附着杆连接销轴采用螺栓替换。可能导致附着杆与支座之间的连接失效，造成塔机上部结构坍塌坠落。

正确示例

隐患示例

■ 规范标准

◆《建筑施工塔式起重机安装、使用、拆卸安全技术规程》（JGJ 196—2010）第3.4.13条规定："连接件及其防松防脱件严禁用其他代用品代用。连接件及其防松防脱件应使用力矩扳手或专用工具紧固连接螺栓。"

附着杆安装连接不规范,采用销轴连接方式接长,改变了附着杆的二力杆特性(可以承受拉力,不能承受压力)。可能导致附着体系失稳破坏,造成塔机上部结构坍塌坠落。

正确示例

隐患示例

■ 规范标准

◆《建筑施工塔式起重机安装、使用、拆卸安全技术规程》(JGJ 196—2010)第3.3.1条规定:"当塔式起重机作附着使用时,附着装置的设置和自由端高度等应符合使用说明书的规定。"

 附着杆连接销轴缺失。可能导致附着体系失稳破坏,造成塔机上部结构坍塌坠落。

正确示例

隐患示例

■ 规范标准

◆《建筑施工塔式起重机安装、使用、拆卸安全技术规程》(JGJ 196—2010)第 3.4.13 条规定:"连接件及其防松防脱件严禁用其他代用品代用。连接件及其防松防脱件应使用力矩扳手或专用工具紧固连接螺栓。"

 附着装置安装不符合使用说明书的规定,漏装内撑杆。可能导致附着框处塔身标准节主肢失稳破坏,造成塔机上部结构坍塌坠落。

正确示例

隐患示例

■ 规范标准

◆《建筑施工塔式起重机安装、使用、拆卸安全技术规程》(JGJ 196—2010)第 3.3.1 条规定:"当塔式起重机作附着使用时,附着装置的设置和自由端高度等应符合使用说明书的规定。"

8.4 爬升系统

⚠ 液压油缸连接销轴之螺栓固定轴端挡板缺失或失效。可能导致销轴退出脱落，液压油缸安装固定失效，塔机坍塌坠落。

正确示例

隐患示例

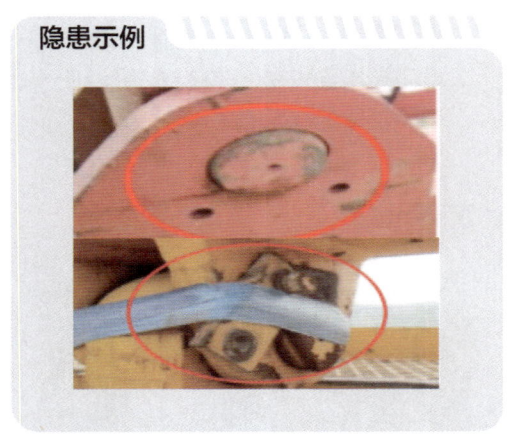

■ 规范标准

◆《建筑施工塔式起重机安装、使用、拆卸安全技术规程》（JGJ 196—2010）第3.4.13条规定："连接件及其防松防脱件严禁用其他代用品代用。连接件及其防松防脱件应使用力矩扳手或专用工具紧固连接螺栓。"

⚠ 顶升横梁防脱装置防脱销缺失。可能导致顶升横梁退出脱落，塔机坍塌坠落。

正确示例

隐患示例

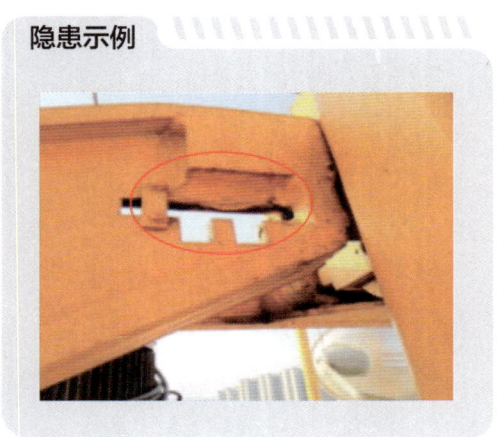

■ 规范标准

◆《塔式起重机安全规程》（GB 5144—2006）第 6.11 条规定："自升式塔机应具有防止塔身在正常加节、降节作业时，顶升横梁从塔身支承中自行脱出的功能。"

 顶升油缸连接耳板局部变形。可能导致顶升油缸销轴退出脱落，塔机坍塌坠落。

正确示例

隐患示例

■ 规范标准

◆《塔式起重机安全规程》（GB 5144—2006）第 10.1.2 条规定："塔机在安装、增加塔身标准节之前应对结构件和高强度螺栓进行检查，若发现下列问题应修复或更换后方可进行安装：a）目视可见的结构件裂纹及焊缝裂纹；b）连接件的轴、孔严重磨损；c）结构件母材严重锈蚀；d）结构件整体或局部塑性变形，销孔塑性变形。"

8.5 机构及零部件

⚠ 滑轮轮缘破损或绳槽磨损量超过钢丝绳直径的 25%。可能导致滑轮破坏或钢丝绳脱槽、异常磨损,甚至断裂。

正确示例

隐患示例

■ 规范标准

◆《塔式起重机安全规程》(GB 5144—2006)第 5.4.5 条规定:"卷筒和滑轮有下列情况之一的应予以报废:1)裂纹或轮缘破损;2)卷筒壁磨损量达原壁厚的 10%;3)滑轮绳槽壁厚磨损量达原壁厚的 20%;4)滑轮槽底的磨损量超过相应钢丝绳直径的 25%。"

⚠ 吊钩磨损严重。可能导致吊钩失效破坏,造成物体坠落伤害事故。

正确示例

隐患示例

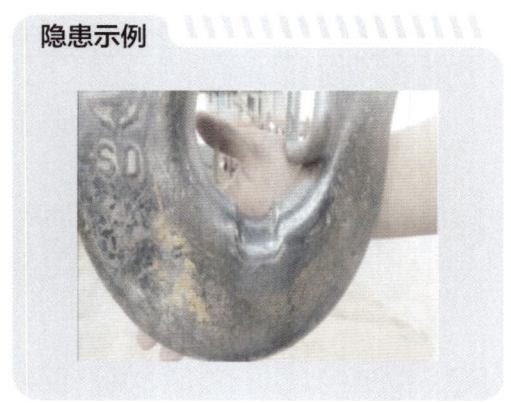

■ 规范标准

◆《塔式起重机安全规程》（GB 5144—2006）第5.3.2条规定："吊钩禁止补焊，有下列情况之一的应予报废：a）用20倍放大镜观察表面有裂纹；b）钩尾和螺纹部分等危险截面及钩筋有永久性变形；c）挂绳处截面磨损量超过原高度的10%；d）心轴磨损量超过其直径的5%；e）开口度比原尺寸增加15%。"

 钢丝绳存在断丝、断股和压扁等缺陷。可能吊装作业过程中钢丝绳断裂，造成物体坠落伤害事故。

正确示例

隐患示例

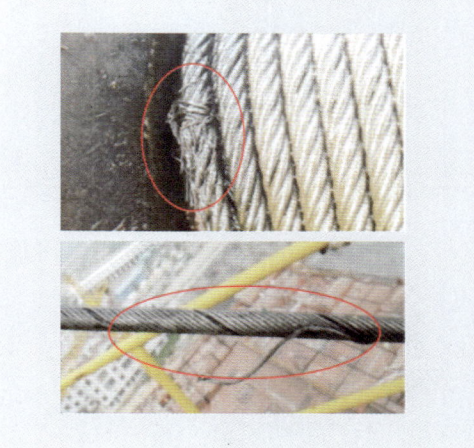

■ 规范标准

◆《建筑施工安全检查标准》（JGJ 59—2011）第3.17.3条规定："塔式起重机保证项目的检查评定应符合下列规定：4.吊钩、滑轮、卷筒与钢丝绳……3）钢丝绳的磨损、变形、锈蚀应在规定允许范围内，钢丝绳的规格、固定、缠绕应符合说明书及规范要求。"

 钢丝绳存在断丝、断股和压扁等缺陷。可能吊装作业过程中钢丝绳断裂，造成物体坠落伤害事故。

正确示例

隐患示例

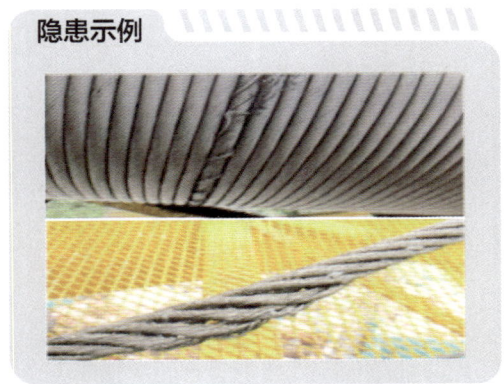

■ 规范标准

◆《建筑施工安全检查标准》（JGJ 59—2011）第 3.17.3 条规定："塔式起重机保证项目的检查评定应符合下列规定：4.吊钩、滑轮、卷筒与钢丝绳……3）钢丝绳的磨损、变形、锈蚀应在规定允许范围内，钢丝绳的规格、固定、缠绕应符合说明书及规范要求。"

⚠ 变幅小车滑轮轴磨损严重。可能吊装作业过程中滑轮轴断裂，造成物体坠落伤害甚至吊装作业事故。

正确示例

隐患示例

■ 规范标准

◆《建筑施工塔式起重机安装、使用、拆卸安全技术规程》（JGJ 196—2010）第 2.0.16 条规定："塔式起重机在安装前和使用过程中，应按相关规定进行检查，发现有下列情况之一的，不得安装和使用：1.结构件上有可见裂纹和严重锈蚀的；2.主要受力构件存在塑性变形的；3.连接件存在严重磨损和塑性变形的。"

8.6 基础及配重类

（**重大隐患**）塔机混凝土基础承台悬空。可能导致基础失稳坍塌，整机倾翻。

正确示例　　　　　　　　　　　　　隐患示例

■ 规范标准

◆《塔式起重机安全规程》（GB 5144—2006）第 10.6 条第 1 款规定："混凝土基础应能承受工作状态和非工作状态下的最大载荷，并应满足塔机抗倾翻稳定性的要求。"

（**重大隐患**）塔机混凝土基础承台悬空。可能导致基础失稳坍塌，整机倾翻。

正确示例　　　　　　　　　　　　　隐患示例

规范标准

◆《塔式起重机安全规程》（GB 5144—2006）第 10.6 条第 1 款规定："混凝土基础应能承受工作状态和非工作状态下的最大载荷，并应满足塔机抗倾翻稳定性的要求。"

⚠ 塔机混凝土基础承台悬空。可能导致基础失稳坍塌，整机倾翻。

正确示例

隐患示例

规范标准

◆《塔式起重机安全规程》（GB 5144—2006）第 10.6 条第 1 款规定："混凝土基础应能承受工作状态和非工作状态下的最大载荷，并应满足塔机抗倾翻稳定性的要求。"

⚠ 基础长期积水，可能导致基础发生沉降，结构件及紧固件锈蚀，无法及时发现基础连接出现的问题与隐患。

正确示例

隐患示例

■ 规范标准

◆《建筑施工塔式起重机安装、使用、拆卸安全技术规程》（JGJ 196—2010）第3.4.1条规定："安装前应根据专项施工方案，对塔式起重机基础的下列项目进行检查，确认合格后方可实施：4.基础的排水措施。"

⚠ 擅自把普通标准节作为预埋节用，无制造商书面认可及说明。可能导致基础节失稳破坏，造成整机倾翻。

正确示例

隐患示例

基础节不规范，不得直接用标准节做预埋件

■ 规范标准

◆《塔式起重机安全规程》（GB 5144—2006）第10.6条规定："混凝土基础应符合下列要求：d）若采用塔机原制造商推荐的混凝土基础，固定支腿、预埋节和地脚螺栓应按原制造商规定的方法使用。"

⚠ 塔机缩臂安装后平衡重缺安全措施。可能导致平衡重相互之间撞击移位，甚至脱落，缺口容易引起高处坠落事故。

正确示例

隐患示例

正确示例

隐患示例

■ 规范标准 ■

◆《建筑施工塔式起重机安装、使用、拆卸安全技术规程》（JGJ 196—2010）第 3.4.12 条规定："塔式起重机的安全装置必须齐全，并应按程序进行调试合格。"

8.7 电气控制及保护类

 塔机电源电路中未装设错相及断相保护装置,可能导致机构失去运动方向保护,从而造成意外伤害。

正确示例

隐患示例

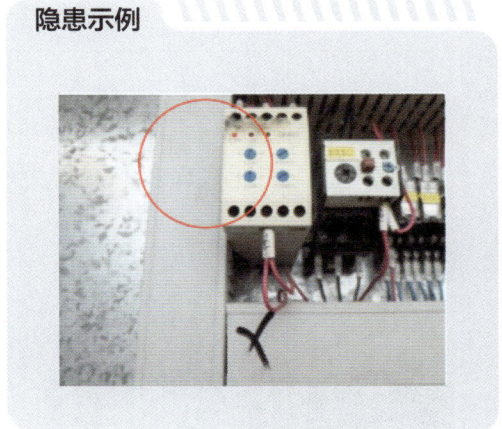

■ 规范标准

◆《塔式起重机安全规程》(GB 5144—2006)第 8.3.1 条规定:"塔机应根据 GB/T 13752—1992 中 7.7 的要求设置短路、过流、欠压、过压及失压保护、零位保护、电源错相及断相保护。"

 塔机电气柜保护接零线(PE 线)断开,保护接零失效,没有等电位保护,可能发生电击伤害。

正确示例

隐患示例

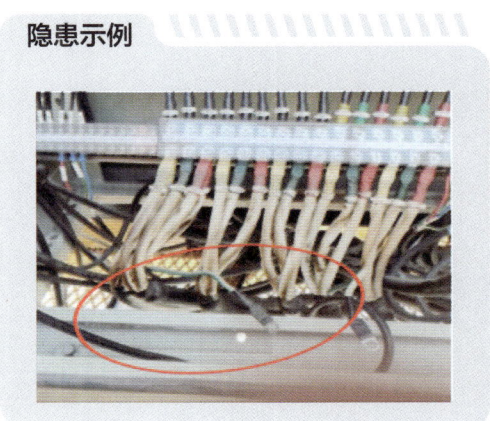

规范标准

◆《塔式起重机安全规程》(GB 5144—2006)第8.1.3条规定:"塔机的金属结构、轨道、所有电气设备的金属外壳、金属线管、安全照明的变压器低压侧等均应可靠接地,接地电阻不大于4Ω。重复接地电阻不大于10Ω。接地装置的选择和安装应符合电气安全的有关要求。"

⚠ 塔机电气柜内接线不规范,人为短接安全保护回路。导致安全保护装置不起作用,可能引起起升钢丝绳断裂,造成重物坠落伤人、折臂、塔机坍塌等事故。

正确示例

隐患示例

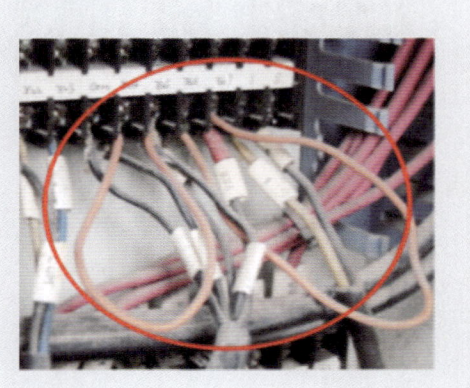

规范标准

◆《塔式起重机安全规程》(GB 5144—2006)第8.1.4条规定:"电气设备安装应牢固。需要防震的电器应有防震措施。"第8.1.5条规定:"电气连接应接触良好,防止松脱。导线、线束应用卡子固定,以防摆动。"第8.1.6条规定:"电气柜(配电箱)应有门锁。门内应有原理图或布线图、操作指示等,门外应有警示标志。"

⚠ 操纵手柄零位保护人为失效。可能导致司机产生误操作或导致吊钩冲顶事故。

正确示例　　　　　　　　　　　隐患示例

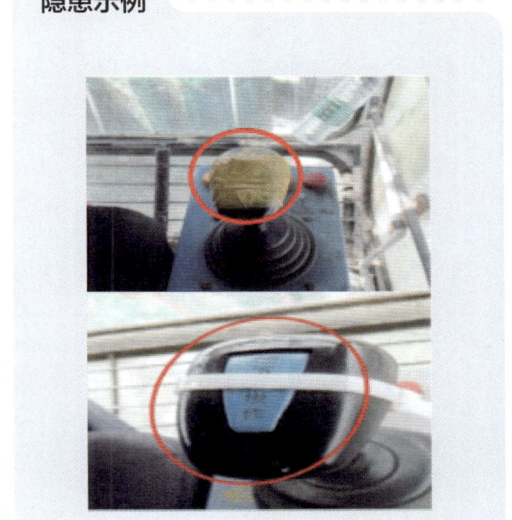

■ 规范标准

◆《塔式起重机安全规程》(GB 5144—2006)第 8.3.1 条规定:"塔机应设置短路、过流、欠压、过压及失压保护、零位保护、电源错相及断相保护。"

◆《塔式起重机安全规程》(GB 5144—2006)第 8.2.4 条规定:"采用联动控制台操纵时,联动控制台应具有零位自锁和自动复位功能。"

 开关箱漏电保护器额定漏电动作电流(100mA)超出临电规范要求(30mA)。在设备或电气回路发生漏电故障时漏电开关不会跳闸,导致失去漏电保护作用。

正确示例　　　　　　　　　　　隐患示例

规范标准

◆《建筑与市政工程施工现场临时用电安全技术标准》(JGJ/T 46—2024)第 3.3.4 条规定:"开关箱中剩余电流动作保护器的额定剩余动作电流不应大于 30mA,额定剩余电流动作时间不应大于 0.1s。潮湿或有腐蚀介质场所的剩余电流动作保护器应采用防溅型产品,其额定剩余动作电流不应大于 15mA,额定剩余电流动作时间不应大于 0.1s。"

8.8 作业环境类

（**重大隐患**）塔机与架空输电线之间安全距离不符合规定，且无有效防护措施。作业过程中吊重、起升钢丝绳可能碰触输电线，造成大面积停电和电击伤亡及火灾事故。

正确示例

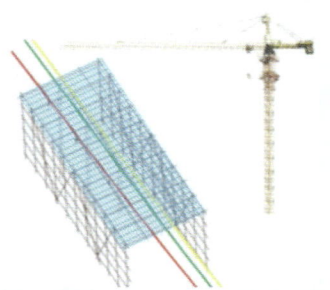

隐患示例

■ **规范标准**

◆《塔式起重机安全规程》（GB 5144—2006）第 10.4 条规定："有架空输电线的场所，塔机任何部位与输电线的安全距离应符合表 3 的规定。如因条件限制不能保证表 3 的安全距离，应与有关部门协商，并采取有效安全防护措施后方可架设。"

（**重大隐患**）塔机不能 360°范围内无障碍回转（起重臂与障碍物安全距离不符合要求）。使用过程中导致起重臂与外脚手干涉、碰撞，可能造成折臂，塔机坍塌。

正确示例

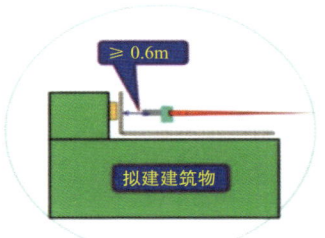

隐患示例

■ 规范标准

◆《塔式起重机安全规程》(GB 5144—2006)第 10.3 条规定:"塔机的尾部与周围构筑物及外围施工设施之间的安全距离应不小于 0.6m。"

（重大隐患）塔机起重臂与相邻项目的塔机套架平台水平距离小于 2m。使用过程中低位塔机起重臂与高位塔机起升钢丝绳或塔身发生干涉、碰撞，造成钢丝绳断裂、折臂、塔机坍塌等事故。

正确示例

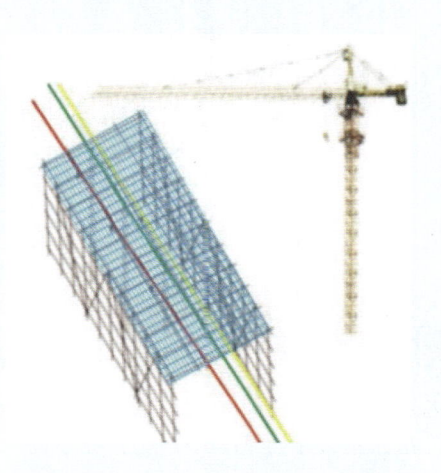

隐患示例

■ 规范标准

◆《塔式起重机安全规程》(GB 5144—2006)第 10.5 条规定:"两台塔机之间的最小架设距离应保证处于低位塔机的起重臂端部与另一台塔机的塔身之间至少有 2m 的距离；处于高位塔机的最低位置的部件（吊钩升至最高点或平衡重的最低部位）与低位塔机中处于最高位置部件之间的垂直距离不应小于 2m。"

（重大隐患）相邻塔机的起重臂垂直方向安全距离不足 2m。使用过程中塔机起重臂、钢丝绳等发生干涉、碰撞，造成钢丝绳断裂、折臂、塔机坍塌等事故。

正确示例

隐患示例

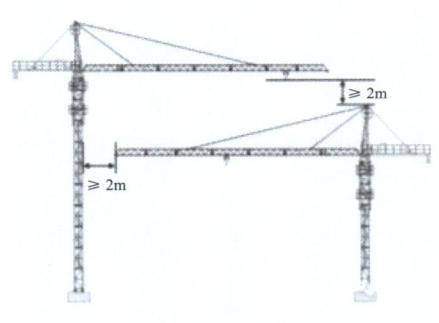

■ 规范标准

◆《塔式起重机安全规程》(GB 5144—2006)第10.5条规定:"两台塔机之间的最小架设距离应保证处于低位塔机的起重臂端部与另一台塔机的塔身之间至少有2m的距离;处于高位塔机的最低位置的部件(吊钩升至最高点或平衡重的最低部位)与低位塔机中处于最高位置部件之间的垂直距离不应小于2m。"

 核心筒内爬塔机安全距离不符合要求。使用过程中塔机起重臂、钢丝绳等发生干涉、碰撞,造成钢丝绳断裂、折臂、塔机坍塌等事故。

正确示例

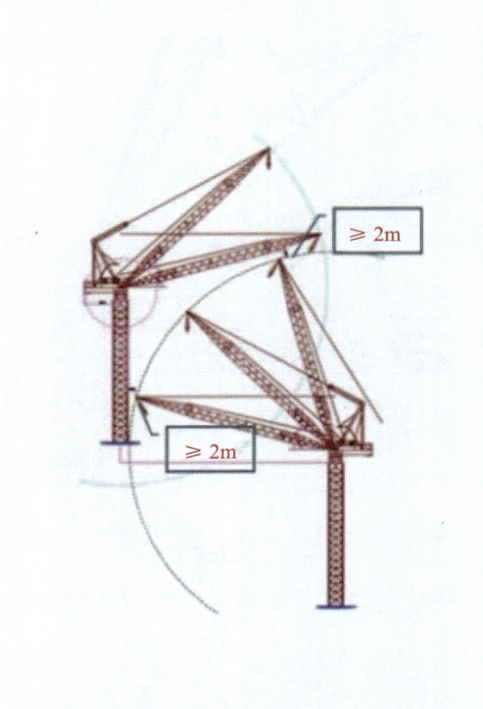

隐患示例

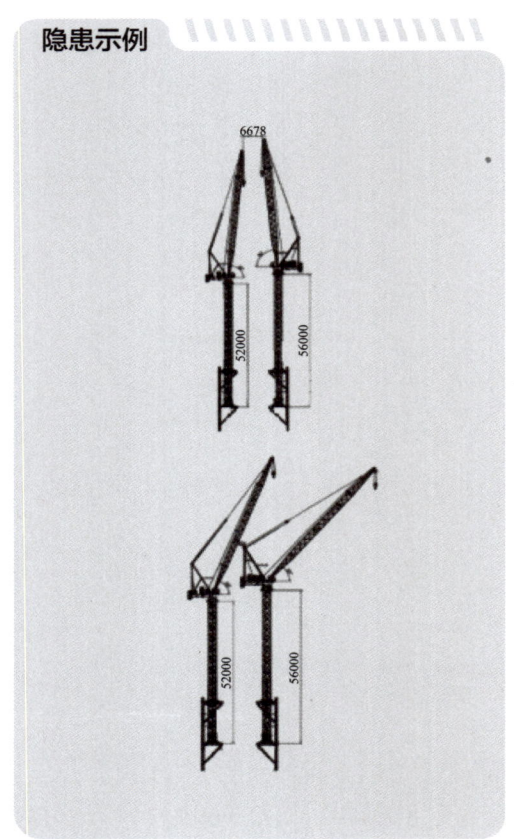

■ 规范标准

◆《塔式起重机安全规程》（GB 5144—2006）第 10.5 条规定："两台塔机之间的最小架设距离应保证处于低位塔机的起重臂端部与另一台塔机的塔身之间至少有 2m 的距离；处于高位塔机的最低位置的部件（吊钩升至最高点或平衡重的最低部位）与低位塔机中处于最高位置部件之间的垂直距离不应小于 2m。"

8.9 其他

 未采用料斗或吊笼吊运短物料。可能导致物体散落,造成物体打击伤害事故。

正确示例

隐患示例

■ 规范标准 ■

◆《建筑施工塔式起重机安装、使用、拆卸安全技术规程》(JGJ 196—2010)第4.0.12条规定:"物件起吊时应绑扎牢固,不得在吊物上堆放或悬挂其他物件;零星材料起吊时,必须用吊笼或钢丝绳绑扎牢固。当吊物上站人时不得起吊。"

（**重大隐患**）塔身垂直度超差。可能导致倒塌事故发生。

正确示例

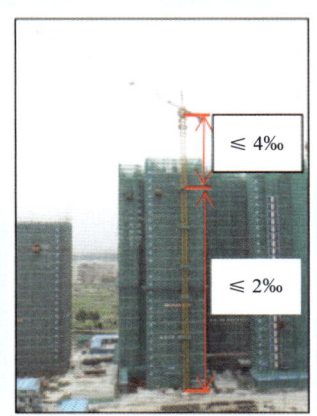

隐患示例

规范标准

◆《塔式起重机》（GB/T 5031—2019）第 5.2.4 条规定："主要性能参数误差。塔机安装到设计规定的最大独立高度时，主要性能参数误差应符合：i）空载、风速不大于 3m/s 状态下，独立状态塔身（或附着状态下最高附着点以上塔身）轴心线的侧向垂直度误差不大于 0.4%，最高附着点以下塔身轴心线的垂直度误差不大于 0.2%。"

 塔机作业人员上下通道缺安全防护。易导致高坠事故发生。

正确示例

隐患示例

规范标准

◆《塔式起重机安全规程》（GB 5144—2006）第 4.4.4 条规定："平台和走道的边缘应设置不小于 100mm 高的踢脚板。在需要操作人员穿越的地方，踢脚板的高度可以降低。"第 4.4.5 条规定："离地面 2m 以上的平台及走道应设置防止操作人员跌落的手扶栏杆。手扶栏杆的高度不应低于 1m，并能承受 1000N 的水平移动集中载荷。在栏杆一半高度处应设置中间手扶横杆。"

第 9 章 通用脚手架工程

9.1 材料及构配件

⚠️ 钢管开裂导致钢管破坏,严重影响钢管的水平及竖向承载力。

正确示例

隐患示例

⚠️ 钢管锈蚀严重导致钢管壁厚变小,影响钢管水平及竖向承载力。

正确示例

隐患示例

规范标准

◆《建筑施工脚手架安全技术统一标准》（GB 51210—2016）第 4.0.14 条第 1 款规定："不得使用带有裂纹、折痕、表面明显凹陷、严重锈蚀的钢管。"

⚠ 钢管壁厚不足，影响钢管竖向承载力。

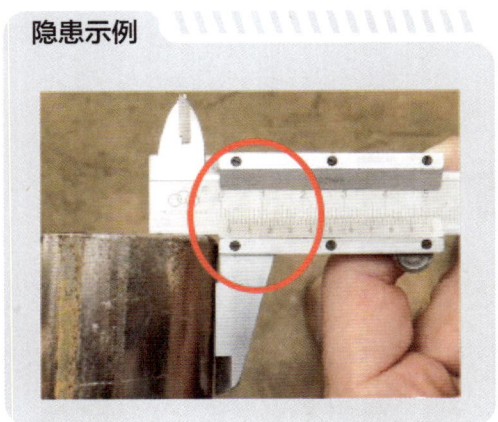

 规范标准

◆《建筑施工扣件式钢管脚手架安全技术规范》（JGJ 130—2011）第 8.1.1 条第 4 款规定："钢管外径、壁厚、端面等的偏差，应分别符合本规范表 8.1.8 的规定。"

⚠ 钢管弯曲变形导致钢管偏心受压，影响钢管竖向承载力。

■ 规范标准

◆《建筑施工扣件式钢管脚手架安全技术规范》(JGJ 130—2011)第 8.1.2 条第 2 款规定:"钢管弯曲变形应符合本规范表 8.1.8 序号 4 的规定。"

 扣件开裂,开裂使扣件连接强度下降,影响钢管连接节点的稳定。

正确示例

隐患示例

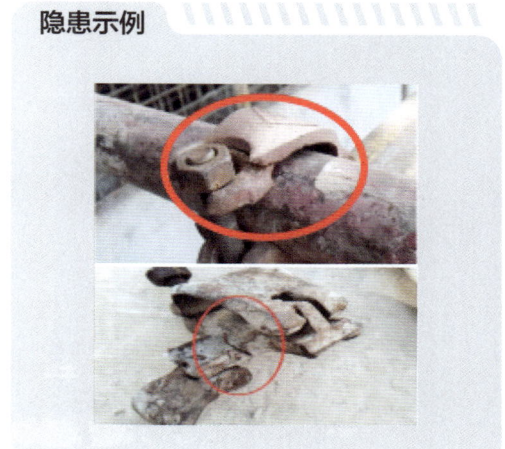

■ 规范标准

◆《建筑施工脚手架安全技术统一标准》(GB 51210—2016)第 4.0.14 条第 2 款规定:"铸件表面应光滑,不得有砂眼、气孔、裂纹、浇冒口残余等缺陷,表面粘砂应清除干净。"

 扣件螺栓拧紧扭力矩不足使扣件连接强度下降,影响钢管连接节点的稳定。

正确示例

隐患示例

■ 规范标准

◆《建筑施工扣件式钢管脚手架安全技术规范》（JGJ 130—2011）第 7.3.11 条第 2 款规定："螺栓拧紧扭力矩不应小于 40N·m，且不应大于 65N·m。"

⚠ 扣件螺栓滑丝影响钢管连接节点的连接强度。

正确示例

隐患示例

■ 规范标准

◆《建筑施工扣件式钢管脚手架安全技术规范》（JGJ 130—2011）第 8.1.4 条规定："扣件进入施工现场应检查产品合格证，并应进行抽样复试，技术性能应符合现行国家标准《钢管脚手架扣件》（GB 15831）的规定。"

⚠ 型钢防腐措施不足锈蚀严重，导致型钢力学性能下降，造成容易变形失稳破坏。

正确示例

隐患示例

■ 规范标准

◆《建筑施工脚手架安全技术统一标准》(GB 51210—2016)第 4.0.2 条规定:"脚手架所使用的型钢、钢板、圆钢应符合国家现行相关标准的规定,其材质应符合现行国家标准《碳素结构钢》(GB/T 700)中 Q235 级钢或《低合金高强度结构钢》(GB/T 1591)中 Q345 级钢的规定。"

 型钢截面破损,导致型钢力学性能下降,刚度不足,容易产生变形破坏。

正确示例

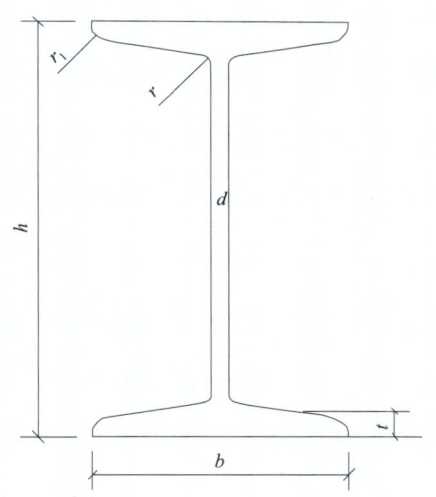

隐患示例

■ 规范标准

◆《热轧型钢》(GB/T 706—2016)第 4.2.1 条规定:"型钢的尺寸、外形及允许偏差应符合表 1~表 2 的规定"。

 钢丝绳损伤严重,钢丝绳力学性能下降,易导致钢丝绳强度不足。

正确示例

隐患示例

■ 规范标准

◆《施工脚手架通用规范》(GB 55023—2022)第 3.0.1 条规定:"脚手架材料与构配件的性能指标应满足脚手架使用的需要,质量应符合国家现行相关标准的规定。"

9.2 脚手架主体及基础

⚠️ **（重大隐患）** 钢管立杆脚基础土层未压实下沉，地基下沉造成立杆脚基础破坏，导致立杆失稳，架体坍塌。

正确示例

隐患示例

⚠️ **（重大隐患）** 立杆脚无硬化基础，立杆脚地基土容易受雨水冲蚀，地基下沉导致立杆失稳，架体坍塌。

正确示例

隐患示例

■ **规范标准**

◆《施工脚手架通用规范》（GB 55023—2022）第 4.1.3 条第 1 款规定："应平整坚实，应满足承载力和变形要求。"

⚠️ 钢管立杆地基未设置排水措施，场地积水。场地积水易造成立杆脚地基承载力下降，导致立杆失稳，架体坍塌。

正确示例

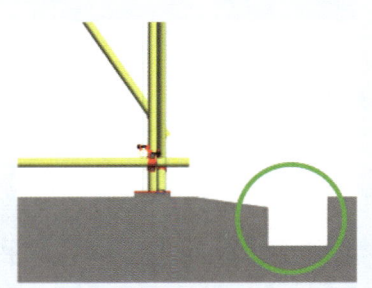

隐患示例

■ 规范标准

◆《施工脚手架通用规范》（GB 55023—2022）第 4.1.3 条第 2 款规定："应设置排水措施，搭设场地不应积水。"

⚠️ 立杆架设在架空钢管上，支承不稳固。立杆支承不稳固易造成架体失稳，严重会导致架体坍塌。

正确示例

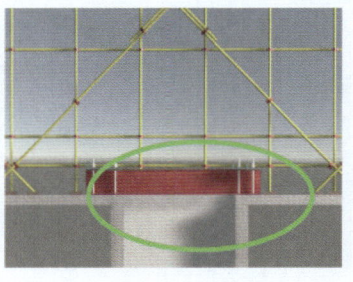

隐患示例

■ 规范标准

◆《施工脚手架通用规范》（GB 55023—2022）第 4.4.1 条规定："脚手架构造措施应合理、齐全、完整，并应保证架体传力清晰、受力均匀。"

⚠️ 立杆架设在悬挑结构上，悬挑结构承载力不满足，底部未设置支顶。可能导致悬挑结构破坏。

正确示例

隐患示例

■ 规范标准

◆《建筑施工扣件式钢管脚手架安全技术规范》（JGJ 130—2011）第 5.5.3 条规定："对搭设在楼面等建筑结构上的脚手架，应对支撑架体的建筑结构进行承载力验算，当不能满足承载力要求时应采取可靠的加固措施。"

⚠ 脚手架底层立杆脚悬空或与型钢接触不稳固。立杆未能与型钢可靠固定，甚至悬空，导致立杆因下沉或滑动失稳，架体坍塌。

正确示例

隐患示例

■ 规范标准

◆《建筑施工扣件式钢管脚手架安全技术规范》（JGJ 130—2011）第 6.10.7 条规定："型钢悬挑梁悬挑端应设置能使脚手架立杆与钢梁可靠固定的定位点，定位点离悬挑梁端部不应小于 100mm。"

在建项目安全检查标准

⚠️ 横向水平杆与立杆缺少扣件连接。易导致架体变形，作业层失稳，造成作业人员高坠。

正确示例

隐患示例

■ 规范标准

◆《施工脚手架通用规范》（GB 55023—2022）第 4.4.1 条规定："脚手架构造措施应合理、齐全、完整，并应保证架体传力清晰、受力均匀。"

扫地杆缺失。立杆脚易出现弯曲变形，造成立杆失稳导致架体倒塌。

正确示例

隐患示例

■ 规范标准

◆《施工脚手架通用规范》（GB 55023—2022）第 4.4.5 条规定："脚手架底部立杆应设置纵向和横向扫地杆，扫地杆应与相邻立杆连接稳固。"

脚手架立杆用作支撑架，作业脚手架超载易导致架体立杆失稳造成坍塌。

正确示例

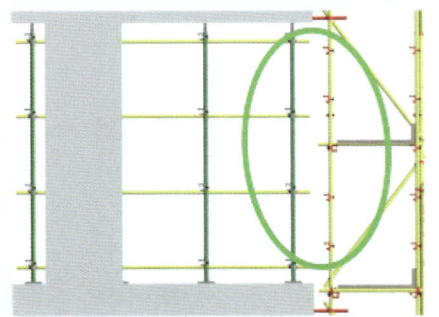

隐患示例

■ 规范标准

◆《施工脚手架通用规范》（GB 55023—2022）第 5.3.3 条规定："严禁将支撑脚手架、缆风绳、混凝土输送泵管、卸料平台及大型设备的支承件等固定在作业脚手架上。严禁在作业脚手架上悬挂起重设备。"

 作业层上非主节点处的横向水平杆缺失或间距过大。横向水平杆间距过大导致脚手板安装不牢固，容易造成作业层脚手板踩翻坠落。

正确示例

隐患示例

■ 规范标准

◆《建筑施工扣件式钢管脚手架安全技术规范》（JGJ 130—2011）第 6.2.2 条第 1 款规定："作业层上非主节点处的横向水平杆，宜根据支承脚手板的需要等间距设置，最大间距不应大于纵距的 1/2。"

横向扫地杆设置在纵向扫地杆之上，扫地杆设置不规范，纵向水平杆易变形。

正确示例

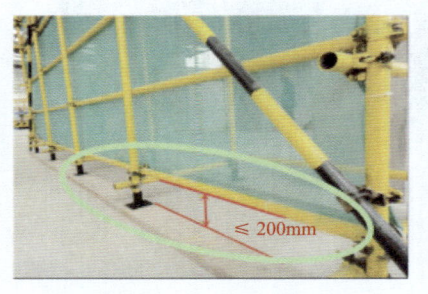

隐患示例

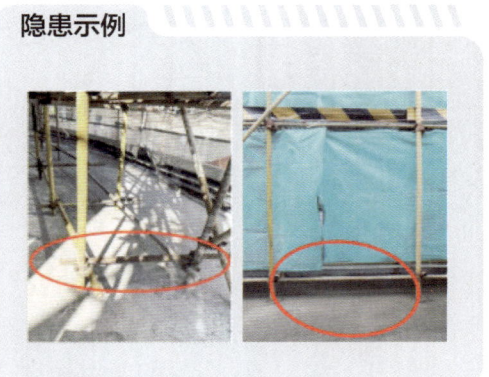

■ 规范标准

◆《建筑施工扣件式钢管脚手架安全技术规范》（JGJ 130—2011）第 6.3.2 条规定："脚手架必须设置纵、横向扫地杆。纵向扫地杆应采用直角扣件固定在距钢管底端不大于 200mm 处的立杆上。横向扫地杆应采用直角扣件固定在紧靠纵向扫地杆下方的立杆上。"

 钢管立杆未采用对接连接。立杆偏心受力导致局部失稳，进而引起整体坍塌。

正确示例

隐患示例

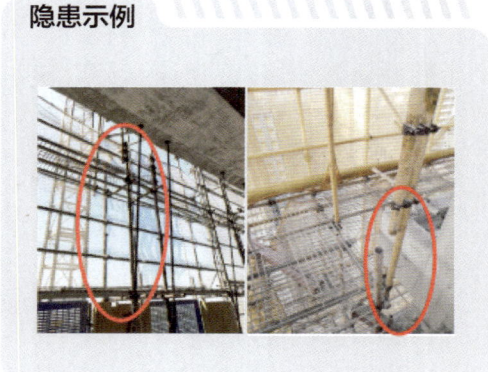

■ 规范标准

◆《建筑施工扣件式钢管脚手架安全技术规范》（JGJ 130—2011）第 6.3.5 条规定："单排、双排与满堂脚手架立杆接长除顶层顶步外，其余各层各步接头必须采用对接扣件连接。"

正确示例

隐患示例

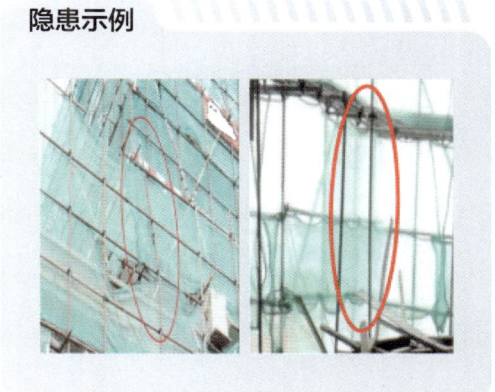

■ 规范标准

◆《建筑施工扣件式钢管脚手架安全技术规范》（JGJ 130—2011）第 8.1.8 条规定："构配件允许偏差应符合表 8.1.8 的规定。"

表 8.1.8　构配件的允许偏差

序号	项目	允许偏差 Δ/mm	示意图	检查工具
1	焊接钢管尺寸（mm） 外径 48.3 壁厚 3.6	± 0.5 ± 0.36		游标卡尺
2	钢管两端面切斜偏差	1.7		塞尺、拐角尺
3	钢管外表面锈蚀深度	≤ 0.18		游标卡尺
4	钢管弯曲 ①各种杆件钢管的端部弯曲 $l ≤ 1.5m$	≤ 5		钢板尺
	②立杆钢管弯曲 $3m < l ≤ 4m$ $4m < l ≤ 6.5m$	≤ 12 ≤ 20		
	③水平杆、斜杆的钢管弯曲 $l < 6.5m$	≤ 30		
5	冲压钢脚手板 ①板面挠曲 $l ≤ 4m$ $l > 4m$	≤ 12 ≤ 16		钢板尺
	②板面扭曲（任一角翘起）	≤ 5		
6	可调托撑支托变形	1.0		钢板尺 塞尺

 盘扣插销未销紧。节点受力不均匀导致架体整体刚度不足，容易造成架体失稳坍塌。

正确示例

隐患示例

■ 规范标准

◆《建筑施工承插型盘扣式钢管脚手架安全技术标准》（JGJ/T 231—2021）第3.0.2条规定："杆端扣接头与连接盘的插销连接锤击自锁后不应拔脱。"第3.0.3条规定："插销销紧后，扣接头端部弧面应与立杆外表面贴合。"第8.0.5条第7款规定："水平杆扣接头、斜杆扣接头与连接盘的插销应销紧。"

⚠ 脚手架外侧立面斜杆缺失或不连续，导致架体结构整体刚度不足而造成失稳。

正确示例

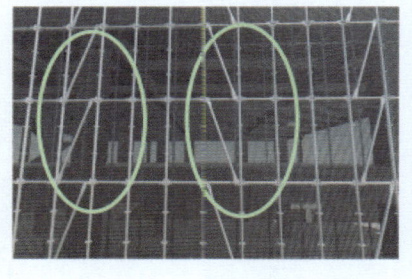

隐患示例

■ 规范标准

◆《建筑施工承插型盘扣式钢管脚手架安全技术标准》（JGJ/T 231—2021）第6.3.5条规定："双排作业架的外侧立面上应设置竖向斜杆，并应符合下列规定：1.在脚手架的转角处、开口型脚手架端部应由架体底部至顶部连续设置斜杆；2.应每隔不大于4跨设置一道竖向或斜向连续斜杆；当架体搭设高度在24m以上时，应每隔不大于3跨设置一道竖向斜杆；3.竖向斜杆应在双排作业架外侧相邻立杆间由底至顶连续设置（图6.3.5）。"

9.3 脚手架构造

 盘扣脚手架作业层未设置脚手板,易造成人员高处坠落或物体打击事故。

正确示例

隐患示例

正确示例

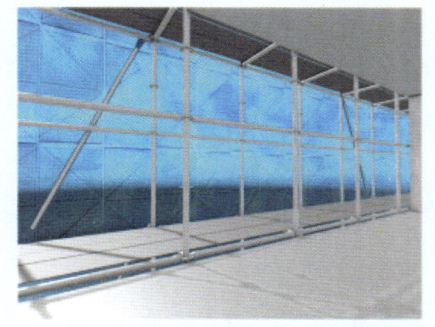

隐患示例

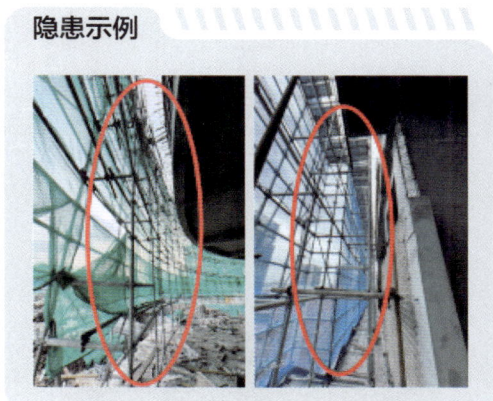

■ 规范标准

◆《建筑施工扣件式钢管脚手架安全技术规范》(JGJ 130—2011)第 6.2.4 条第 1 款规定:"作业层脚手板应铺满、铺稳、铺实。"

◆《施工脚手架通用规范》(GB 55023—2022)第 4.4.4 条第 8 款规定:"脚手板伸出横向水平杆以外的部分不应大于 200mm。"

⚠️ 作业层防护高度不足。冒险作业，容易造成人员高处坠落或物体打击事故。

正确示例

隐患示例

■ **规范标准**

◆《施工脚手架通用规范》（GB 55023—2022）第 5.2.4 条规定："脚手架安全防护网和防护栏杆等防护设施应随架体搭设同步安装到位。"

◆《建筑施工扣件式钢管脚手架安全技术规范》（JGJ 130—2011）第 6.3.7 条规定："脚手架立杆顶端栏杆宜高出女儿墙上端 1m，宜高出檐口上端 1.5m。"

⚠️ 架体层间作业层临空一侧未设置防护水平栏杆，易造成人员高处坠落事故。

正确示例

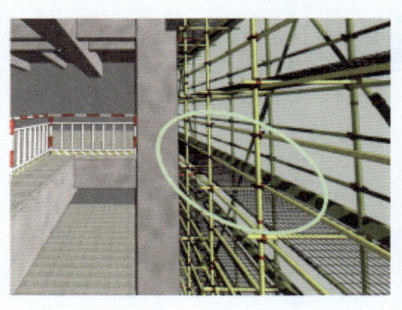

隐患示例

■ **规范标准**

◆《建筑施工高处作业安全技术规范》（JGJ 80—2016）第 4.1.1 条规定："坠落高度基准面 2m 及以上进行临边作业时，应在临空一侧设置防护栏杆，并应采用密目式安全立网或工具式栏板封闭。"

挡脚板变形松脱。容易造成物料高处坠落,导致伤人事故。

正确示例

隐患示例

■ 规范标准

◆《建筑施工高处作业安全技术规范》(JGJ 80—2016)第 4.3.1 条规定:"临边作业的防护栏杆应由横杆、立杆及挡脚板组成,防护栏杆应符合下列规定。第 4 款规定:挡脚板高度不应小于 180mm。"

 连墙件连接构配件不规范。造成连墙件失效,导致架体变形。

正确示例

隐患示例

■ 规范标准

◆《施工脚手架通用规范》（GB 55023—2022）第 4.4.6 条规定："作业脚手架应按设计计算和构造要求设置连墙件，并应符合下列要求：
1. 连墙件应采用能承受压力和拉力的刚性构件，并应与工程结构和架体连接牢固；
2. 连墙点的水平间距不得超过 3 跨，竖向间距不得超过 3 步，连墙点之上架体的悬臂高度不应超过 2 步；
3. 在架体的转角处、开口型作业脚手架端部应增设连墙件，连墙件竖向间距不应大于建筑物层高，且不应大于 4m。"

（**重大隐患**）连墙件缺失。造成架体稳定性差，导致架体整体坍塌。

正确示例

隐患示例

■ 规范标准

◆《施工脚手架通用规范》（GB 55023—2022）第 4.4.6 条第 2 款规定："连墙点的水平间距不得超过 3 跨，竖向间距不得超过 3 步，连墙点之上架体的悬臂高度不应超过 2 步。"

连墙件离主节点距离大于 300mm。造成架体立杆拉结点刚度不足，导致立杆侧向变形。

正确示例

隐患示例

■ 规范标准

◆《建筑施工扣件式钢管脚手架安全技术规范》(JGJ 130—2011) 第 6.4.3 条第 1 款规定："应靠近主节点设置，偏离主节点的距离不应大于 300mm。"

 门洞处未设置加强构造措施。造成洞口处杆件应力集中，易导致钢管弯曲变形大而失稳。

正确示例

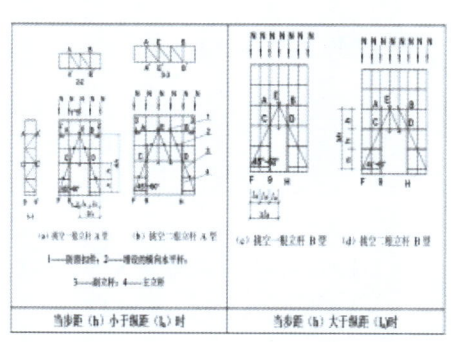

隐患示例

规范标准

◆《建筑施工扣件式钢管脚手架安全技术规范》（JGJ 130—2011）第 6.5.1 条规定："单、双排脚手架门洞宜采用上升斜杆、平行弦杆桁架结构形式（图 6.5.1），斜杆与地面的倾角 α 应在 45°~60° 之间。"

第 6.5.2 条第 1 款规定："单排脚手架门洞处，应在平面桁架（图 6.5.1 中 ABCD）的每一节间设置一根斜腹杆；双排脚手架门洞处的空间桁架，除下弦平面外，应在其余 5 个平面内的图示节间设置一根斜腹杆（图 6.5.1 中 1-1、2-2、3-3 剖面）。"

 外脚手架欠剪刀撑或未连续布设到位。架体整体刚度不足易导致扭曲变形。

正确示例

隐患示例

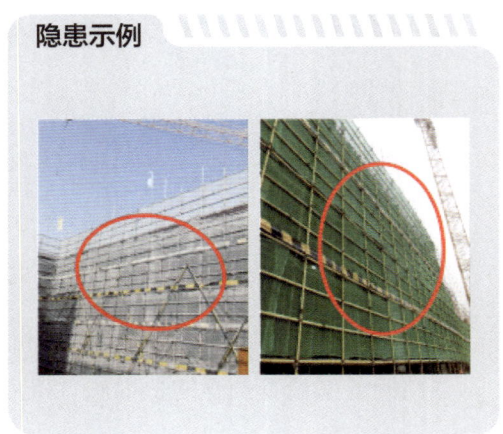

规范标准

◆《施工脚手架通用规范》（GB 55023—2022）第 4.4.7 条第 2 款规定："当搭设高度在 24m 以下时，应在架体两端、转角及中间每隔不超过 15m 各设置一道剪刀撑，并应由底至顶连续设置；当搭设高度在 24m 及以上时，应在全外侧立面上由底至顶连续设置。"

 外脚手架剪刀撑搭接不符合规范构造要求。剪刀撑斜杆接长不牢固易导致斜杆变形。

正确示例

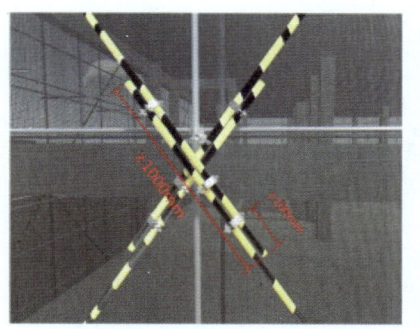

隐患示例

■ 规范标准

◆《建筑施工扣件式钢管脚手架安全技术规范》（JGJ 130—2011）第 6.6.2 条第 2 款规定："剪刀撑斜杆的接长应采用搭接或对接，搭接应符合本规范第 6.3.6 条第 2 款的规定。第 6.3.6 条第 2 款规定：当立杆采用搭接接长时，搭接长度不应小于 1m，并应采用不少于 3 个旋转扣件固定。端部扣件盖板的边缘至杆端距离不应小于 100mm。"

 人行斜道随意搭设，欠缺临边防护，导致人员高空坠落。

正确示例

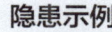

隐患示例

规范标准

◆《建筑施工扣件式钢管脚手架安全技术规范》（JGJ 130—2011）第 6.7.2 条第 2 款规定："运料斜道宽度不应小于 1.5m，坡度不应大于 1∶6；人行斜道宽度不应小于 1m，坡度不应大于 1∶3。"第 6.7.2 条第 3 款规定："拐弯处应设置平台，其宽度不应小于斜道宽度。"第 6.7.2 条第 4 款规定："斜道两侧及平台外围均应设置栏杆及挡脚板。栏杆高度应为 1.2m，挡脚板高度不应小于 180mm。"

⚠ 钢丝绳骑压在飘板上。容易钢丝绳磨损断丝，导致钢丝绳失效，架体立杆变形大。

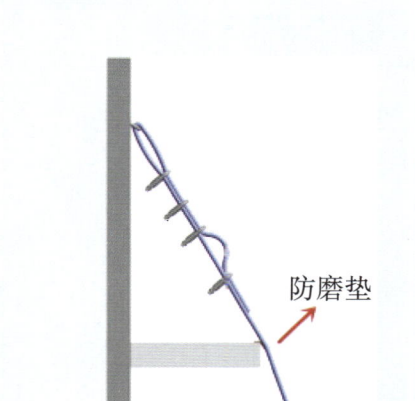

正确示例

防磨垫

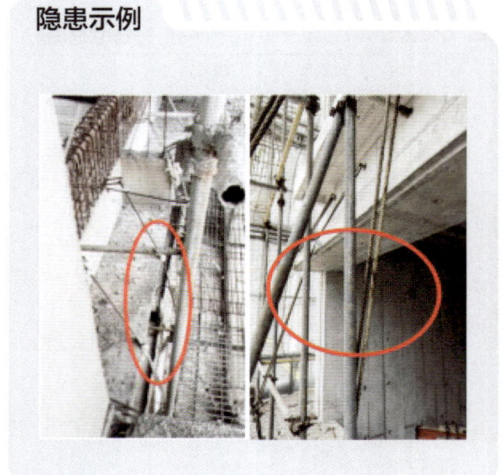

隐患示例

 规范标准

◆《钢丝绳通用技术条件》（GB/T 20118—2017）第 8.5 条规定："钢丝绳表面不应存在 GB/T 21965 中的制造缺陷。"

⚠ 钢丝绳绳卡设置方向不正确。易造成绳卡松动，导致卸荷钢丝绳失效，架体立杆变形大。

正确示例

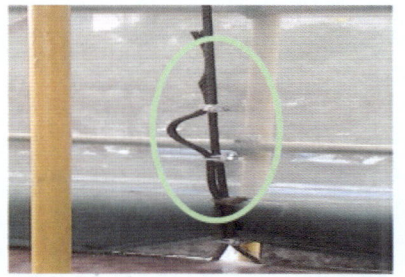

隐患示例

■ 规范标准

◆《钢丝绳夹》(GB/T 5976—2006)附录A第A.1条规定:"钢丝绳夹应把夹座扣在钢丝绳的工作段上,U形螺栓扣在钢丝绳的尾上。钢丝绳夹不得在钢丝绳上交替布置。"

 钢丝绳未张紧或返松。造成架体立杆超载使用,导致立杆变形失稳。

正确示例

隐患示例

■ 规范标准

◆《建筑施工扣件式钢管脚手架安全技术规范》(JGJ 130—2011)第6.10.4条规定:"每个型钢悬挑梁外端宜设置钢丝绳或钢拉杆与上一层建筑结构斜拉结。"
◆《施工脚手架通用规范》(GB 55023—2022)第4.4.1条规定:"脚手架构造措施应合理、齐全、完整,并应保证架体传力清晰、受力均匀。"

⚠️ 悬挑型钢锚固尾端悬空。易导致型钢尾端松动,造成型钢倾覆,架体失稳坍塌。

正确示例

隐患示例

⚠️ 悬挑型钢锚固卡环不垂直和未用木楔楔紧。导致悬挑型钢侧向稳定差,造成型钢容易失稳。

正确示例

隐患示例

■ **规范标准**

◆《建筑施工扣件式钢管脚手架安全技术规范》(JGJ 130—2011)第 6.10.3 条规定:"U 形钢筋拉环、锚固螺栓与型钢间隙应用钢楔或硬木楔楔紧。"第 6.10.5 条规定:"型钢悬挑梁固定端应采用 2 个(对)及以上 U 形钢筋拉环或锚固螺栓与建筑结构梁板固定,U 形钢筋拉环或锚固螺栓应预埋至混凝土梁、板底层钢筋位置,并应与混凝土梁、板底层钢筋焊接或绑扎牢固。"

悬挑型钢端部只设 1 个锚固卡环、锚固卡环布设间距小于 200mm。易导致型钢尾端松动，造成型钢失稳倾覆。

正确示例

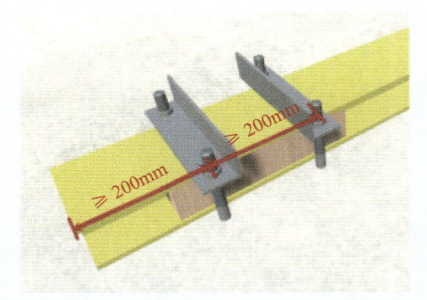

隐患示例

■ 规范标准

◆《建筑施工扣件式钢管脚手架安全技术规范》（JGJ 130—2011）第 6.10.5 条规定："型钢悬挑梁固定端应采用 2 个（对）及以上 U 形钢筋拉环或锚固螺栓与建筑结构梁板固定，U 形钢筋拉环或锚固螺栓应预埋至混凝土梁、板底层钢筋位置，并应与混凝土梁、板底层钢筋焊接或绑扎牢固，其锚固长度应符合现行国家标准《混凝土结构设计规范》（GB 50010）中钢筋锚固的规定（图 6.10.5-1、图 6.10.5-2、图 6.10.5-3）。"

 悬挑型钢锚固段长度小于 1.25 倍悬挑段长度。造成型钢承载力和抗倾覆不足，导致型钢弯曲变形失稳倾覆。

正确示例

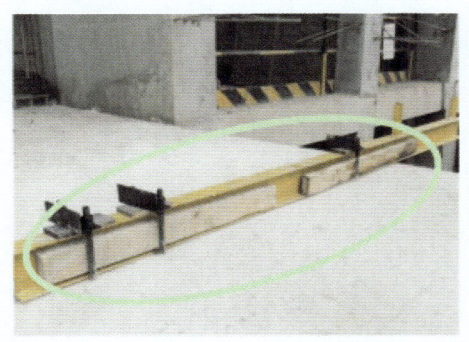

隐患示例

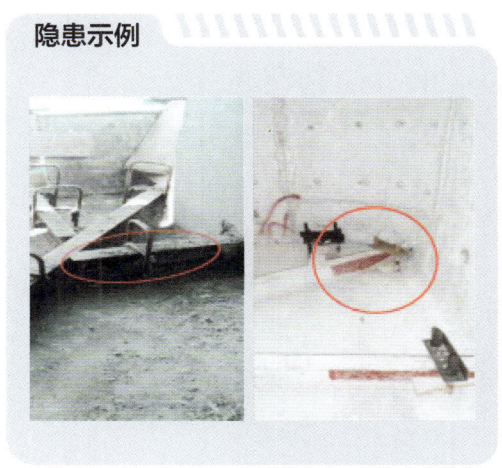

■ 规范标准

◆《建筑施工扣件式钢管脚手架安全技术规范》(JGJ 130—2011)第6.10.5条规定:"悬挑钢梁悬挑长度应按设计确定,固定段长度不应小于悬挑段长度的1.25倍。"

⚠ 卡环钢压板尺寸或角钢规格过小。造成悬挑型钢锚固不足,易导致型钢尾端松动失稳。

正确示例

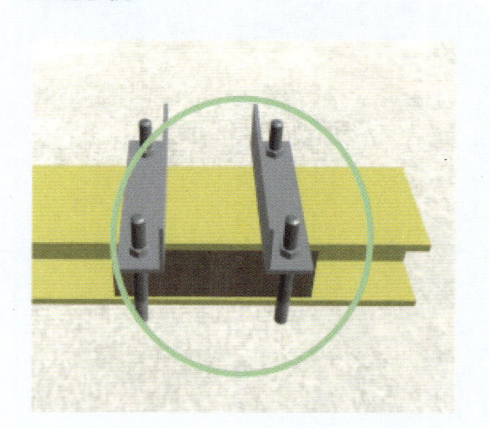

隐患示例

⚠ 悬挑型钢固定端采用钢筋点焊固定。点焊固定造成悬挑型钢锚固不足,易导致型钢尾端松动失稳。

正确示例

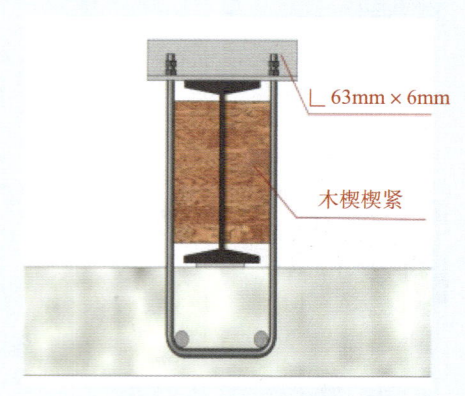

隐患示例

■ 规范标准

◆《建筑施工扣件式钢管脚手架安全技术规范》(JGJ 130—2011) 第 6.10.6 条规定："当型钢悬挑梁与建筑结构采用螺栓钢压板连接固定时，钢压板尺寸不应小于 100mm×10mm（宽 × 厚）；当采用螺栓角钢压板连接时，角钢的规格不应小于 63mm×63mm×6mm。"

 悬挑型钢前端未设钢丝绳与建筑结构拉结。造成悬挑脚手架安全储备不足，易导致变形大而失稳。

正确示例

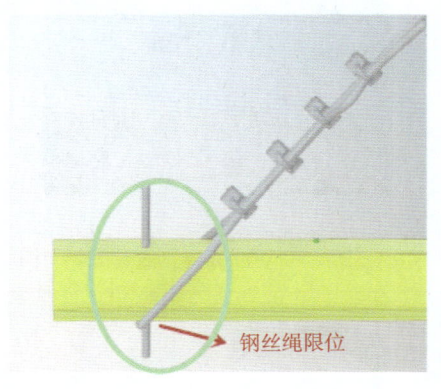

隐患示例

 悬挑型钢前端未设钢丝绳与建筑结构拉结或钢丝绳拉吊在型钢次梁上。造成悬挑脚手架安全储备不足，导致变形大而失稳。

正确示例

隐患示例

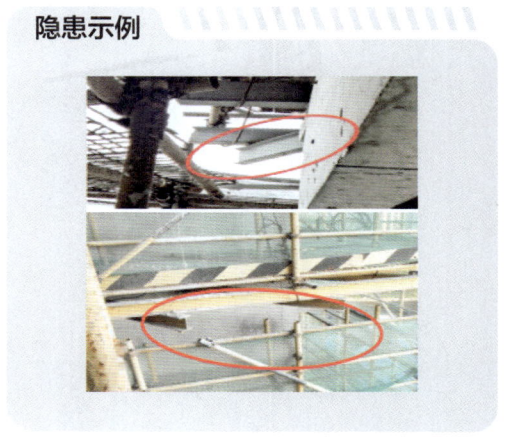

规范标准

◆《建筑施工扣件式钢管脚手架安全技术规范》(JGJ 130—2011)第6.10.4条规定:"每个型钢悬挑梁外端宜设置钢丝绳或钢拉杆与上一层建筑结构斜拉结。"

⚠ 金属防护网与架体未有效连接。造成防护网脱落,导致物体打击事故。

正确示例

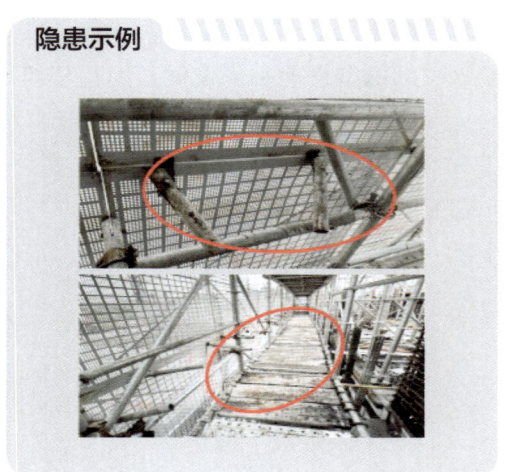

隐患示例

规范标准

◆《施工脚手架通用规范》(GB 55023—2022)第4.4.1条规定:"脚手架构造措施应合理、齐全、完整,并应保证架体传力清晰、受力均匀。"

⚠ 承插型盘扣式钢管脚手架安全网防护不严密。缺少防护,容易出现人员或物料高处坠落的情况。

正确示例

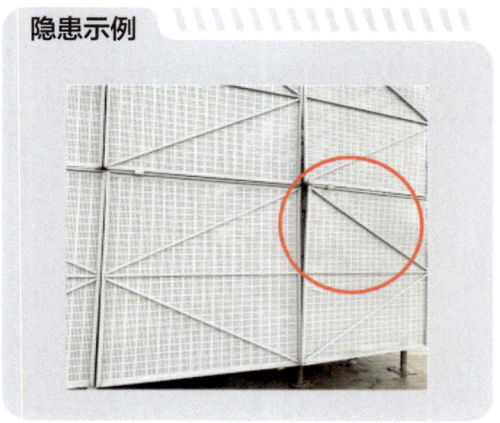

隐患示例

扣件式钢管脚手架密目安全网防护不严密。缺少防护,容易出现人员或物料高处坠落的情况。

正确示例

隐患示例

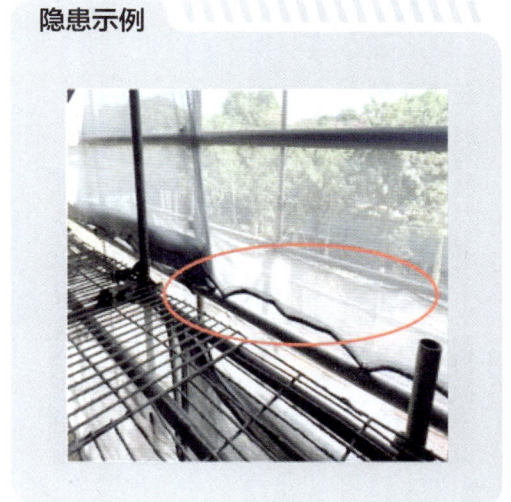

■ 规范标准

◆《施工脚手架通用规范》(GB 55023—2022)第4.4.4条第7款规定:"作业层外侧应采用安全网封闭。当采用密目安全网封闭时,密目安全网应满足阻燃要求。"

9.4　各类型脚手架

 地下室出入口通道上方设置材料堆场，长期荷载过大容易导致架体坍塌。

正确示例

隐患示例

■ 规范标准

◆《建筑施工高处作业安全技术规范》（JGJ 80—2016）第 7.1.5 条规定："不得在安全防护棚棚顶堆放物料。"

 出入口安全通道为单层防护棚且材料不符规范要求。导致高处坠落的物体易穿透防护棚，造成物体打击伤害事故。

正确示例

隐患示例

■ 规范标准

◆《建筑施工高处作业安全技术规范》（JGJ 80—2016）第 7.2.1 条第 3 款规定："当安全防护棚的顶棚采用竹笆或木质板搭设时，应采用双层搭设，间距不应小于 700mm；当采用木质板或与其等强度的其他材料搭设时，可采用单层搭设，木板厚度不应小于 50mm。"

 开口型脚手架端部未设横向斜撑、连墙件、水平栏杆和安全网全封闭。容易导致架体失稳破坏和容易导致高处坠落。

正确示例

隐患示例

■ 规范标准

◆《施工脚手架通用规范》（GB 55023—2022）第 4.4.6 条第 3 款规定："在架体的转角处、开口型作业脚手架端部应增设连墙件，连墙件竖向间距不应大于建筑物层高，且不应大于 4m。"

 物料平台与外脚手架作业层间隙过大而未作封闭。易导致人员高处坠落或物体打击事故。

正确示例

隐患示例

■ 规范标准

◆《建筑施工高处作业安全技术规范》(JGJ 80—2016) 第 4.2.1 条第 3 款规定："当非竖向洞口短边边长为 500mm～1500mm 时，应采用盖板覆盖或防护栏杆等措施，并应固定牢固。"

⚠ 物料平台围护不严密、水平栏杆设置不足、未设置挡脚板。易造成人员高处坠落或物体打击事故。

正确示例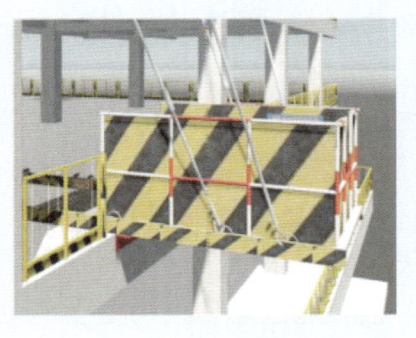

隐患示例

■ 规范标准

◆《建筑施工高处作业安全技术规范》(JGJ 80—2016) 第 4.3.1 条规定："临边作业的防护栏杆应由横杆、立杆及挡脚板组成，防护栏杆应符合下列规定。"第 6.4.8 条规定："悬挑式操作平台的外侧应略高于内侧；外侧应安装防护栏杆并应设置防护挡板全封闭。"

落地式物料平台高宽比大于 3。导致物料平台整体刚度不足，容易造成架体失稳坍塌。

正确示例

隐患示例

■ 规范标准

◆《建筑施工高处作业安全技术规范》（JGJ 80—2016）第 6.3.1 条第 1 款规定："操作平台高度不应大于 15m，高宽比不应大于 3∶1。"

 物料平台剪刀撑设置不规范。导致架体整体稳定性差造成架体失稳坍塌。

正确示例

隐患示例

■ 规范标准

◆《建筑施工高处作业安全技术规范》（JGJ 80—2016）第 6.3.1 条第 4 款规定："用脚手架搭设物料平台时，其立杆间距和步距等结构要求应符合国家现行相关脚手架规范的规定；应在立杆下部设置底座或垫板、纵向与横向扫地杆，并应在外立面设置剪刀撑或斜撑。"

 悬挑式平台根部未设置限位装置。导致平台纵向滑动造成失稳倾覆。

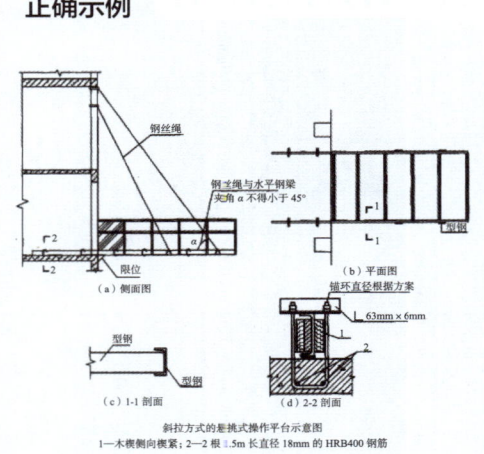

■ 规范标准

◆《建筑施工高处作业安全技术规范》（JGJ 80—2016）第 C.0.1 条规定："悬挑式操作平台（图 C.0.1-1、图 C.0.1-2）应采用型钢作主梁与次梁，满铺厚度不应小于 50mm 的木板或同等强度的其他材料，并应采用螺栓与型钢梁固定。"

◆《建筑施工扣件式钢管脚手架安全技术规范》（JGJ 130—2011）第 8.1.6 条规定："悬挑脚手架用型钢的质量应符合本规范第 3.5.1 条的规定，并应符合现行国家标准《钢结构工程施工质量验收规范》（GB 50205）的有关规定。"

操作平台搭设随意不规范。导致操作平台变形失稳造成坍塌人员坠落施工。

正确示例

隐患示例

■ 规范标准

◆《建筑施工高处作业安全技术规范》（JGJ 80—2016）第 6.1.1 条规定："操作平台应通过设计计算，并应编制专项方案，架体构造与材质应满足国家现行相关标准的规定。"

第 6.1.3 条规定："操作平台的临边应设置防护栏杆，单独设置的操作平台应设置供人上下、踏步间距不大于 400mm 的扶梯。"

 井道空隙大于 150mm。易导致人员或物体高处坠落事故。

正确示例

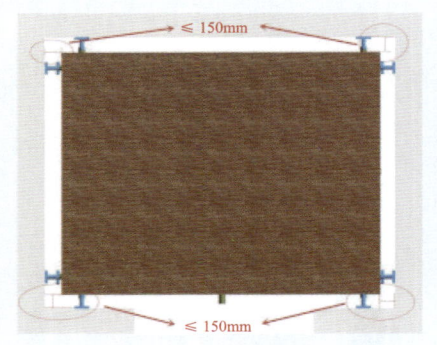

隐患示例

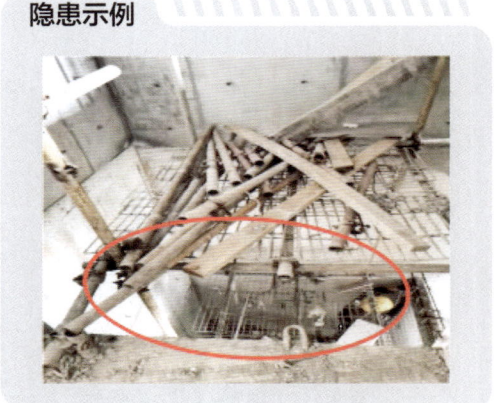

■ 规范标准

◆《施工脚手架通用规范》（GB 55023—2022）第 4.4.4 条第 1 款规定："作业脚手架、满堂支撑脚手架、附着式升降脚手架作业层应满铺脚手板，并应满足稳固可靠的要求。当作业层边缘与结构外表面的距离大于 150mm 时，应采取防护措施。"

⚠ 电梯井井道脚手架立杆变形。立杆变形导致脚手架稳定性差，容易造成架体失稳坍塌。

正确示例

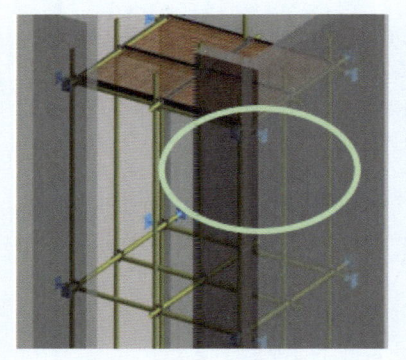

隐患示例

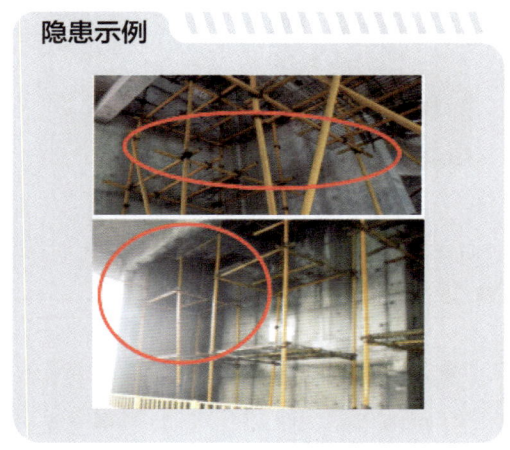

■ 规范标准

◆《建筑施工高处作业安全技术规范》（JGJ 80—2016）第 6.1.1 条规定："操作平台应通过设计计算，并应编制专项方案，架体构造与材质应满足国家现行相关标准的规定。"

脚手架作业层边缘与结构外表面空隙大于 150mm。易导致人员或物体高处坠落事故。

正确示例

隐患示例

■ 规范标准

◆《施工脚手架通用规范》（GB 55023—2022）第 4.4.4 条第 1 款规定："作业脚手架、满堂支撑脚手架、附着式升降脚手架作业层应满铺脚手板，并应满足稳固可靠的要求。当作业层边缘与结构外表面的距离大于 150mm 时，应采取防护措施。"

 悬挑层硬防护缺失。易导致人员或物体高处坠落事故。

正确示例

隐患示例

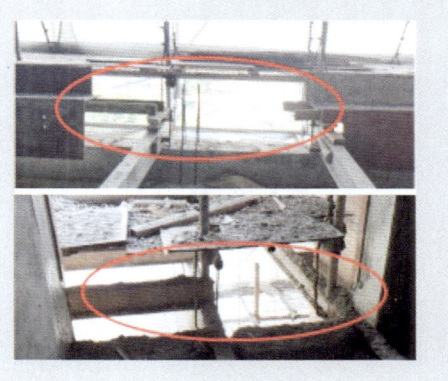

■ 规范标准

◆《施工脚手架通用规范》（GB 55023—2022）第 4.4.4 条第 5 款规定："作业脚手架底层脚手板应采取封闭措施。"

9.5 脚手架使用

 外脚手架作业层堆放过多物料。容易导致架体变形大,造成失稳坍塌。

正确示例

隐患示例

■ 规范标准

◆《建筑施工扣件式钢管脚手架安全技术规范》(JGJ 130—2011)第 8.2.3 条第 6 款规定:"应无超载使用。"

◆《施工脚手架通用规范》(GB 55023—2022)第 4.2.4 条规定:"脚手架可变荷载标准值的取值应符合下列规定:1.应根据实际情况确定作业脚手架上的施工荷载标准值,且不应低于表 4.2.4-1 的规定。2.当作业脚手架上存在 2 个及以上作业层同时作业时,在同一跨距内各操作层的施工荷载标准值总和取值不应小于 $5.0kN/m^2$。"

表 4.2.4-1 作业脚手架施工荷载标准值

序号	作业脚手架用途	施工荷载标准值(kN/m^2)
1	砌筑工程作业	3.0
2	其他主体结构工程作业	2.0
3	装饰装修作业	2.0
4	防护	1.0

脚手架底部全网未封闭。造成人员随意进出脚手架底部,容易导致物体打击伤害事故。

正确示例

隐患示例

■ 规范标准

◆《施工脚手架通用规范》(GB 55023—2022)第 4.4.4 条第 7 款规定:"作业层外侧应采用安全网封闭。当采用密目安全网封闭时,密目安全网应满足阻燃要求。"

 材料堆压立杆脚。导致立杆脚弯曲变形而失稳破坏,造成架体坍塌。

正确示例

隐患示例

■ 规范标准

◆《建筑施工扣件式钢管脚手架安全技术规范》（JGJ 130—2011）第 7.1.4 条规定："应清除搭设场地杂物，平整搭设场地，并应使排水畅通。"

⚠ 安全网、挡脚板和剪刀撑随意拆除。造成架体外侧安全防护缺失，易导致人员高处坠落。

正确示例

隐患示例

■ 规范标准

◆《施工脚手架通用规范》（GB 55023—2022）第 5.4.2 条第 1 款规定："架体拆除应按自上而下的顺序按步逐层进行，不应上下同时作业。"

第 10 章 有限空间作业

10.1 作业前

（**重大隐患**）无有限空间作业许可或作业环境不满足作业条件，不得进行有限空间作业。

正确示例

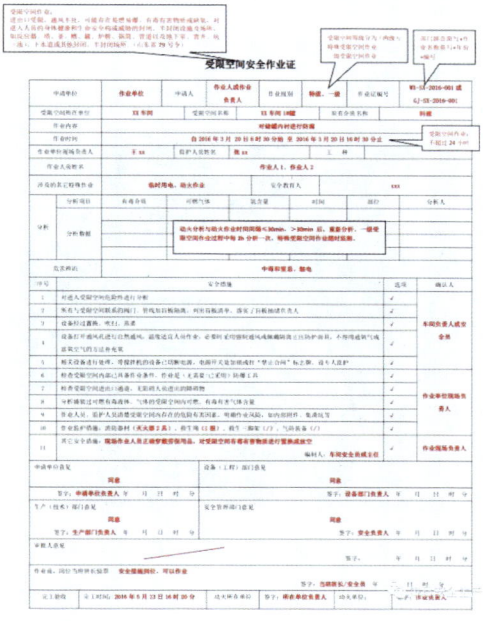

隐患示例

检修未办理有限空间作业许可

■ 规范标准

◆《密闭空间作业职业危害防护规范》(GBZ/T 205—2007)第4.1.1条规定:"按照本规范组织、实施密闭空间作业。制定密闭空间作业职业病危害防护控制计划、密闭空间作业准入程序和安全作业规程,并保证相关人员能随时得到计划、程序和规程。"

◆《电力管道有限空间作业安全技术规范》(DL/T 2520—2022)第4.1.1条规定:"电力企业应建立电力管道有限空间作业安全生产制度,包括安全责任制度、作业审批制度、作业现场安全管理制度、相关从业人员安全教育培训制度、应急管理制度。"第5.1.2条规定:"审批单位通过审批责任人审批同意后方可开展作业。"

◆《水电水利工程施工通用安全技术规程》(DL/T 5370—2017)第4.13.2条规定:"作业应实行作业票制度,应进行技术交底并进行安全培训,现场应设置安全警示标识。"

 有限空间作业的出入口必须随时保持畅通,严堆放杂物或封闭出入口,否则容易导致撤退不及时造成人员伤亡和财产损失。

正确示例

隐患示例

规范标准

◆《中华人民共和国消防法》(中华人民共和国主席令第八十一号)第二十八条规定:"任何单位、个人不得损坏、挪用或者擅自拆除、停用消防设施、器材,不得埋压、圈占、遮挡消火栓或者占用防火间距,不得占用、堵塞、封闭疏散通道、安全出口、消防车通道。"

（**重大隐患**）未执行"先通风、再监测、后作业"原则,有可能会因为有限空间内氧气浓度不符合作业条件,盲目进入作业导致窒息。

正确示例

作业前气体检测

隐患示例

正确示例

炉膛气体检测

隐患示例

规范标准

◆《缺氧危险作业安全规程》(GB 8958—2006)

第5.1.1条规定:"当从事具有缺氧危险的作业时,按照先检测后作业的原则,在作业开始前,必须准确测定作业场空气中的氧含量。在准确测定氧含量前,严禁进入该作业场所。"

第5.2条规定:"在作业进行中应监测作业场所空气中氧含量的变化并随时采取必要措施。在氧含量可能发生变化的作业中应保持必要的测定次数或连续监测。"

第5.3.2条规定:"在已确定为缺氧作业环境的作业场所,必须采取充分的通风换气措施,使该环境空气中氧含量在作业过程中始终保持在0.195以上。严禁用纯氧进行通风换气。"

第6.2条规定:"当作业场所空气中同时存在有害气体时,必须在测定氧含量的同时测定有害气体的含量,并根据测定结果采取相应的措施。在作业场所的空气质量达到标准后方可作业。"

◆《密闭空间作业职业危害防护规范》(GBZ/T 205—2007)

第6.1.2.1条规定:"测氧含量。正常时氧含量为18%~22%,缺氧的密闭空间应符合GB 8958的规定,短时间作业时必须采取机械通风。"

◆《水电水利工程施工通用安全技术规程》(DL/T 5370—2017)

第4.13.4条规定:"作业应遵循'先通风、再检测、后作业'的施工顺序,在通风及有毒有害气体检测不合格时不得作业。"

◆《有限空间作业安全指导手册》(应急厅函〔2020〕299号)附录1:有限空间作业常见有毒气体浓度判定限值。

存在有限空间作业的，未编制有限空间作业应急预案或未开展应急演练，将导致出现意外时应急程序启动和现场应急处置不到位等情况。

正确示例

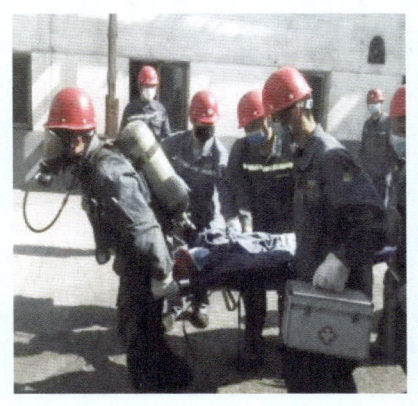

隐患示例

■ 规范标准

◆《缺氧危险作业安全规程》（GB 8958—2006）第 8.1 条规定："对缺氧危险作业场所应制定事故应急救援预案。"

◆《密闭空间作业职业危害防护规范》（GBZ/T 205—2007）第 12.1 条规定："用人单位应建立应急救援机制，设立或委托救援机构，制定密闭空间应急救援预案，并确保每位应急救援人员每年至少进行一次实战演练。"

◆《有限空间作业安全指导手册》（应急厅函〔2020〕299 号）第 4.1 条规定："有限空间作业安全事故专项应急预案应每年至少组织演练 1 次，现场处置方案应至少每半年组织 1 次演练。"

10.2 作业中

（**重大隐患**）作业处应设置明显的安全警示标识以及安全告知牌，防止发生意外情况。

正确示例

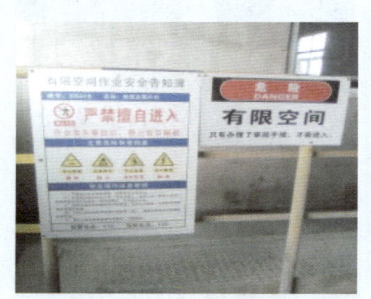

隐患示例

■ 规范标准

◆《密闭空间作业职业危害防护规范》（GBZ/T 205—2007）第 4.1.3 条规定："在密闭空间外设置警示标识，告知密闭空间的位置和所存在的危害。"第 4.1.5 条规定："当实施密闭空间作业前，对密闭空间可能存在的职业病危害进行识别、评估，以确定该密闭空间是否可以准入并作业。"

⚠ 有限空间内通风、氧气、照明作业环境应满足作业条件，并应持续进行通风，否则容易因窒息或操作失误等引发人员伤亡。

正确示例

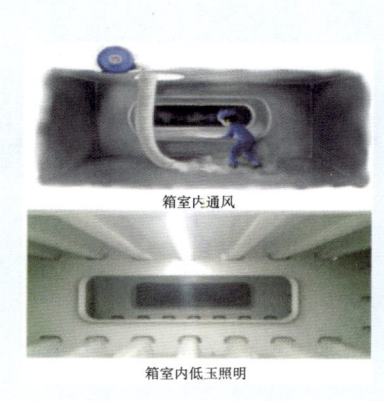

箱室内通风

箱室内低玉照明

隐患示例

有限空间作业 第10章

■ **规范标准**

◆《密闭空间作业职业危害防护规范》（GBZ/T 205—2007）第5.4条规定："提供符合要求的监测、通风、通讯、个人防护用品设备、照明、安全进出设施以及应急救援和其他必需设备，并保证所有设施的正常运行和劳动者能够正确使用。"

◆《水电水利工程施工通用安全技术规程》（DL/T 5370—2017）第4.13.7条规定："受限空间用电应执行以下规定：锅炉、金属容器、管道、密闭舱室等狭窄的工作场所，手持行灯额定电压不应超过12V。"

（**重大隐患**）未设置专人监护的不得进行有限空间作业；临时安排其他人代替监护或监护人擅离职守或参与作业，容易导致在有限空间内作业的人员发生意外情况时得不到有效的救援。

正确示例

隐患示例

规范标准

◆《缺氧危险作业安全规程》（GB 8958—2006）第 5.3.7 条规定："在存在缺氧危险作业时，必须安排监护人员。监护人员应密切监视作业状况，不得离岗。发现异常情况，应及时采取有效的措施。"第 5.3.8 条规定："作业人员与监护人员应事先规定明确的联络信号，并保持有效联络。"

◆《电力管道有限空间作业安全技术规范》（DL/T 2520—2022）第 5.1.3 条规定："作业小组人数应符合作业需要，并应至少指定 1 名作业负责人和 1 名专职监护者。"

◆《密闭空间作业职业危害防护规范》（GBZ/T 205—2007）第 4.1.2 条规定："确定并明确密闭空间作业负责人、准入者和监护者及其职责。第 5.5 条规定：在进入密闭空间作业期间，至少要安排一名监护者在密闭空间外持续进行监护。"

 作业场所应设置围护标识、措施，防止发生意外情况。

正确示例

隐患示例

规范标准

◆《缺氧危险作业安全规程》（GB 8958—2006）第 5.3.10 条规定："严禁无关人员进入缺氧作业场所，并应在醒目处做好标志。"

特殊受限空间作业时，作业人员必须佩戴呼吸防护用具，否则易导致窒息。

正确示例

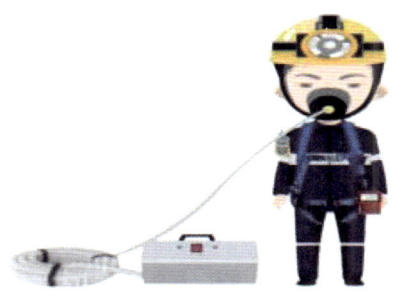

隐患示例

■ 规范标准

◆《缺氧危险作业安全规程》（GB 8958—2006）第5.3.3条规定："作业人员必须配备并使用空气呼吸器或软管面具等隔离式呼吸保护器具。严禁使用过滤式面具。"

◆《密闭空间作业职业危害防护规范》（GBZ/T 205—2007）第6.1.1条规定："配备符合要求的通风设备、个人防护用品、检测设备、照明设备、通讯设备、应急救援设备。"

◆《水电水利工程施工通用安全技术规程》（DL/T 5370—2017）第4.13.3条规定："作业前应正确佩戴防护用品，设专人监护，无监护措施不得作业。"

 作业人员安全防护用品必须齐全有效，若失效或未配置，存在坠落风险。

正确示例

隐患示例

规范标准

◆《缺氧危险作业安全规程》（GB 8958—2006）第 5.3.4 条规定："当存在因缺氧而坠落的危险时，作业人员必须使用安全带（绳），并在适当位置可靠地安装必要的安全绳网设备。"

◆《建筑施工高处作业安全技术规范》（JGJ 80—2016）第 3.0.5 条规定："高处作业人员应根据作业的实际情况配备相应的高处作业安全防护用品，并应按规定正确佩戴和使用相应的安全防护用品、用具。"

 盲目施救可能造成伤亡扩大。

正确示例

隐患示例

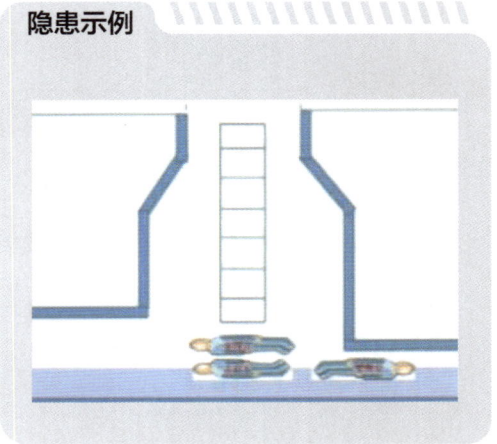

规范标准

◆《电力管道有限空间作业安全技术规范》（DL/T 2520—2022）第 6.3.1 条规定："发生有限空间作业事故后，现场负责人、监护人应立即停止作业，启动有限空间作业应急案，了解受困人员状态，按照 GB 8958 等相关要求组织开展安全施救，严禁未经培训、未佩戴个体防护装备的人员进入有限空间施救。"

10.3 作业后

 作业完毕后必须清点人数及设备，并清理现场，防止发生意外情况。

正确示例

隐患示例

■ 规范标准

◆《氧危险作业安全规程》（GB 8958—2006）第 5.3.6 条规定："在作业人员进入缺氧作业场所前和离开时应准确清点人数。"

◆《电力管道有限空间作业安全技术规范》（DL/T 2520—2022）第 5.10.1 条规定："监护人员应清点人员及设备数量，确保有限空间内无人员和设备遗留后，关闭出入口。"第 5.10.2 条规定："作业小组应在清理现场后，解除作业区域封闭措施并撤离现场。"